城市多水源空间均衡配置研究

侯保俭　刘柏君　张　宇
赵雨婷　王建民　苏　柳　著

U0253303

黄河水利出版社
·郑州·

内 容 提 要

本书重点从水资源管理领域中城市多水源空间均衡配置问题入手,探究了水资源均衡配置理论基础与关键技术,构建了城市多水源空间均衡配置模型,以河南省禹州市为研究对象,开展了城市多水源空间均衡配置实例研究,提出了禹州市多水源空间均衡配置方案,为我国城市水资源节约集约利用提供技术支撑。

本书可供从事水资源配置、保护、管理的工程技术人员以及相关领域的研究人员参考。

图书在版编目(CIP)数据

城市多水源空间均衡配置研究/侯保俭等著.—郑州:黄河水利出版社,2022.3
ISBN 978-7-5509-3240-1

Ⅰ.①城⋯　Ⅱ.①侯⋯　Ⅲ.①城市用水-水资源管理-研究-中国　Ⅳ.①TU991.31

中国版本图书馆 CIP 数据核字(2022)第 036825 号

组稿编辑:王路平　　　　电话:0371-66022212　　　E-mail:hhslwlp@163.com
　　　　　陈俊克　　　　　　　　　66026749　　　　　　hhslcjk@126.com

出　版　社:黄河水利出版社　　　　　　　　　　　　网址:www.yrcp.com
　　　　地址:河南省郑州市顺河路黄委会综合楼 14 层　　邮政编码:450003
发行单位:黄河水利出版社
　　　　发行部电话:0371-66026940、66020550、66028024、66022620(传真)
　　　　E-mail:hhslcbs@163.com
承印单位:河南新华印刷集团有限公司
开本:787 mm×1 092 mm　1/16
印张:8.5
字数:200 千字
版次:2022 年 3 月第 1 版　　　　　　　　印次:2022 年 3 月第 1 次印刷

定价:70.00 元

前　言

　　水资源是基础性的自然资源、战略性的经济资源和生态环境的控制因素,水是生命之源、生产之要、生态之基,人类社会的产生和发展都与水息息相关。水资源合理开发、高效利用、有效保护是解决我国干旱缺水,保障经济社会可持续发展、生态环境良性循环,实现全面建设小康社会战略目标的重要措施之一,是落实科学发展观、促进人与自然和谐发展的必然要求。

　　本书针对水资源管理领域中城市多水源空间均衡配置这个难点与热点问题,重点从水资源均衡配置理论基础与关键技术、基于层次分解的多水源均衡配置模型构建两个方面研究了多水源下的区域水资源均衡配置这个科学问题。以河南省禹州市为研究对象,针对禹州市水资源供需矛盾尖锐、生态环境问题严重、抗御干旱能力弱等特点,从城市的多水源、生态脆弱、人口聚集、经济发展迅猛等方面入手,开展了城市多水源空间均衡配置实例研究。

　　禹州市资源丰富,能源充沛,境内富藏煤炭、石灰石、铝矾土、陶土等矿产资源30余种,其中煤炭保有储量16.4亿t,远景储量90亿t,是全国重点产煤县(市)和商品煤生产基地之一,被国务院列入全国成长类资源型城市。目前,禹州市正在进行经济结构的战略性调整,经济增长方式由粗放型转向集约型,经济形态由资源导向型转向市场导向型,产业结构由单一型转向多元化,经济将步入快速发展时期。随着经济社会的快速发展,工业化和城镇化进程的加快,对水资源的需求不断上升,水资源供需矛盾日益突出。从战略高度和可持续发展角度系统规划经济社会发展布局与水资源利用格局,构建支撑经济社会和生态环境协调发展的水资源可持续利用框架体系是禹州市当前亟须解决的战略命题。

　　本书共分7章,第1章绪论,从研究背景与意义出发,论述了水资源调度与配置、空间均衡理论及其在水资源配置中的应用等方面的国内外研究进展,并提出了本书的研究目标与研究内容。第2章水资源均衡配置理论基础与关键技术,分析了水资源均衡配置理论基础、内涵、原则,构建了城市多水源空间均衡配置模型,提出了模型的求解方法。第3章研究区概况及问题诊断,从自然地理、社会经济、水资源条件、水资源开发利用等方面全方位分析了禹州市社会、经济、水资源、生态环境特征,并由此诊断出禹州市水资源开发利用过程中存在的主要问题。第4章水资源均衡配置主控变量预测,从禹州市社会经济发展新态势着手,分析了禹州市节水潜力,预测了禹州市基于节水优先的经济社会与生态环境需水量,预测了禹州市基于水资源刚性约束的多水源可供水量。第5章多水源空间均衡配置结果,利用构建的模型,在禹州市开展多水源空间均衡配置实例计算,得到了禹州市多水源空间均衡配置方案,为城市水资源节约集约利用提供决策支撑。第6章城市水资源保护与管理对策研究,基于禹州市多水源空间均衡配置结果,提出城市水资源保护与管理的对策和措施,为城市水资源综合管理提供智库支持。第7章结论与展望,总结了本书的研究成果,概述了本书研究的创新点,提出了水资源空间均衡配置未来主要研究内容与方向。

　　参与本书编写的人员有：侯保俭、刘柏君、张宇、赵雨婷、王建民、苏柳。全书由侯保俭和刘柏君审校、统稿。另外，本书的出版得到了黄河勘测规划设计研究院有限公司崔长勇教高、杨丽丰教高、李克飞高工、方洪斌高工等多位同事的指导与帮助，在此表示诚挚的感谢！

　　本书的出版得到国家重点研发计划课题（2018YFC1508706）"重点生态区与城市抗旱应急保障管理措施及技术"和河南省水利厅水利科技攻关项目（GG202064）"禹州市城市多水源空间均衡配置研究"的资助，在此诚表谢意！

　　在中国水资源配置格局转型的当下，城市多水源空间均衡配置问题仍处于探索阶段，本书研究内容还需要不断充实和完善。由于作者水平有限，书中难免存在疏漏之处，敬请读者批评指正。

作　者
2021 年 11 月

目 录

目 录

第 1 章　绪　论

1.1　研究背景与意义

水资源是经济社会发展的基础性、战略性资源,是国家可持续发展的重要支撑。随着气候变化与人类活动的不断加剧,水资源短缺成为限制我国生态文明建设和社会经济发展的主要瓶颈[1]。研究发现,我国 2017 年各省级行政区水资源压力极不均衡,水土资源匹配差异较大,全国水资源在时空分布、开发利用以及对经济社会发展的支撑作用中表现为不均衡状态[2]。水资源有着其自身的阈值,并非取之不尽、用之不竭,尤其是区域或流域尺度下存在多工程、多水源、多用户等情况,通过"空间均衡"的水资源调配在水资源开发利用过程中既满足生态环境需水要求,又兼顾社会经济发展需要,这不仅符合生态优先的战略方针,更是社会-经济-生态-环境-水资源多维协调可持续发展的重要基础。

我国是世界主要经济体中受水资源胁迫程度最高的国家[3],经济高速发展,城市化快速推进,区域水资源与人口、耕地、能源、矿产等经济社会要素分布不适配。长江流域以北的广大地区,国土面积占全国的 64%,人口占全国的 46%,耕地面积占全国的 60%,GDP 总量占全国的 44%,但水资源量仅占全国的 19%,我国北方流域片水资源供需矛盾突出成为我国当下最显著的国情[4]。在气候变化与人类活动影响下,我国流域/区域水资源空间分布不均问题将越发突出[5-6]。相关研究认为,未来我国北方地区水资源衰减态势可能会进一步持续,区域水量收支失衡、河道内外水资源需求失衡、水资源供需平衡失衡对我国高质量发展产生较大影响[4,7]。

城市作为人类社会经济发展的标志之一,供水保障是城市可持续发展的重要支撑,而缺水问题却成为当下北方城市需要解决的重大问题[8],且在干旱情况下,城市供水压力剧增,会对城市发展造成较大影响[9]。为了应对可能出现的水资源短缺问题,我国开始研究使用多水源配置的模式来提高城市供水的可靠性[10]。例如,我国南水北调工程东线与中线一期工程,截至 2021 年 5 月,已累计调水约 400 亿 m³,受益人口达到 1.2 亿,为沿线 20 多座大中城市发展提供了有效保障[11];中国东部沿海城市规划建设了多个海水淡化水厂,以此提高对非常规水源的开发利用[12]。可以看出,多水源配置是缓解城市缺水的有效途径之一[10,13]。

当前国内外研究多局限于区域多水源体系建立、非常规水源配置等方面的研究[14],随着黄河流域生态保护和高质量发展国家战略的深入推进,如何合理配置包括地表水、地下水、非常规水以及外流域调水在内的多种水源从而实现城市水资源的"空间均衡"目标,都需要从技术层面开展研究应用。本书以此为契机,通过开展禹州市城市多水源空间均衡配置研究,填补当前研究的空缺。

1.2　国内外研究进展

1.2.1　水资源配置研究进展

水资源配置就是利用有限的水资源发挥最大的社会效益和经济效益。水资源配置研究经历从单纯的水量调配到水量水质联合配置,从单一水库调配到复杂水资源系统联合调配,从单纯满足用水户用水到追求社会公平、经济发展、生态和谐等多目标。

国外水资源配置研究始于 Mases 在 20 世纪 40 年代提出的水库优化调度问题[15]。1982 年 Person 等通过多水库控制曲线,以最大产值、输送能力和用水需求作为约束条件,采用两次规划法研究了英国 Nawwa 地区的水资源分配问题[16]。Taminga 等基于水的功能性和用水户利益关系,建立了多层次水资源配置模型[17]。1985 年,Yeh 通过水库调度综述,将水资源配置方法划分为线性规划、动态规划、非线性规划和模拟优化技术[18]。1992 年,Ray 等在巴基斯坦建立了灌溉水量线性规划模型,得到了一定时期内区域作物耕地面积与优化的地下水开发量[19]。William 采用最小供水成本线性规划法优化求解地表水与地下水配置[20]。Divakar 等根据越南经济标准和水行业竞争关系,对湄南河流域水资源优化配置进行了研究[21]。Abolpour 等采用自适应神经模糊推理法构建流域水资源配置模型,提高了水资源利用效率[22]。Read 等利用功率指数法,通过探讨水资源配置最优性和稳定性间的差异,研究了里海地区水资源配置问题[23]。Roozbahani 等建立了基于区域社会、经济和环境协调的多目标水资源分配模型[24]。

20 世纪 60 年代,我国对水资源配置展开了研究,基于水库优化运行,实现区域经济效益最大化[25]。20 世纪 80 年代,华士乾等基于水资源利用效率、水资源空间分布特征、水利工程影响等因素,对北京水资源配置进行了系统研究[26]。贺北方通过建立大型系统序列优化模型,提出了水资源大系统分解协调优化配置方法[27]。吴泽宁等建立了一个大系统多目标模型及其二阶分解协调模型,实现了三门峡经济区水资源优化配置和社会经济效益最大化[28]。沈佩君通过构建区域水资源管理调度和统一管理调度模型,实现了枣庄市多水源联合优化调度[29]。2004 年,王浩等为了协调干旱区生态环境与社会经济发展间的水资源供需矛盾,提出了干旱区水资源优化配置模型及求解算法[30-31]。2005 年,邵东国等针对郑州市郑东新区龙子湖水资源配置问题,参照经济学原理,提出了基于经济理论的区域水资源优化配置模型[32]。赵斌等将水质参数引入水资源优化配置模型中,从而提出了分水质供水模型[33]。李彦刚等根据宝鸡峡灌区水资源利用问题,以效益最大化为目标,建立了地表水与地下水联合调度模型,有效提高了灌区水资源利用率及其经济效益[34]。2012 年,刘年磊等针对城市水资源与水环境系统中存在的不确定性与复杂性,提出了模糊环境下基于可信性理论的 CFCCP 模型(可信性模糊机会约束规划模型),并将其应用于衡水市水资源优化配置模型研究中[35]。2013 年,梁士奎和左其亭以人水和谐为目标,在综合分析、合理确定区域取用水总量、用水效率和纳污能力"三条红线"控制指标的基础上,开展了水资源配置研究[36]。2014 年,张守平等阐述了水量水质联合配置理论基础,构建了供需平衡、耗水平衡和基于水资源优化配置的水质模拟系统,提出了基于水功能区纳污能力的污染物总量分配优化模型[37]。2016 年,曾思栋等通过将水文及其伴随过程与水资源配置过程进行"在线"或"离线"形式的耦合,基于抽象概化规则框架的规则集合进行水资源配置模拟,形成较为通用的水文–水质–水生态–水资源系统配置模型。该模型能够较好地反映不同配置规则下的水资源分配过程,实现水量、水质、水生态要求的水资源综合配置[38]。2018 年,朱彩琳等在传统的水资源优化配置模型基础上,增加了空间均衡的目标函数和约束条件,从而构建了面向空间均衡的水资源优化配置模型[39]。左其亭等在 2019 年将遥感技术与和谐理论方法相结合,建立了新疆水资源适应性利用配置–调控模型的研究框架,该模型是以人水和谐度最大为目标,以水资源–经济社会–生态环境多维临界阈值及互馈关系方程、水循环方程等边界条件为约束的面向水资源适应性利用的多维临界和谐配置–调控模型[40]。李佳伟等采用治水新思想量化研究方法和多目标决策模型,将治水新思想以目标函数和约束条件的形式引入模型,构建了面向现代治水新思想的水资源优化配置模型[41]。2020 年以来,考虑生活、生态、工业、农业等复合目标的水资源配置成为学者们研究的热点[42-43]。

1.2.2 多水源调配研究进展

随着系统分析理论、优化技术运用和计算机技术的发展,模拟模型得到了广泛的应用,线性规划、动态规划、多目标规划、群决策和大系统利用等优化理论与模拟模型相结合,让水资源配置研究得到了迅猛的发展[44-45]。但对于水资源短缺、水污染加剧造成的水资源供需矛盾突出的问题,传统的以供水量和经济效益为最大目标的水资源优化配置模式已不能满足需求,研究方向开始向水质保障和水资源环境效益安全倾斜,即在保证经济效益的同时,保持生态和社会环境的可持续发展,实现水资源的可持续利用[46-47]。《水与可持续发展准则:原理与政策方案》明确指出:水资源与经济社会紧密相连,其多行业属性和多用途特性使其在可持续发展过程中的水资源工程规划与实施变得极为复杂[48-49]。

随着系统工程理论的发展和社会经济的发展,我国对水资源配置的需求也在不断变化,其研究范围由早期单纯的技术经济指标优化问题扩展为现今的多学科交叉、多维调控目标下的水资源配置问题。针对水资源优化配置的研究从初始的单一地表水分配,到地表水–地下水联合分配,而后在配置中增加了非常规水的使用;同时,配置目标也从供水效益最大化发展为水资源多维调控优化配置,水资源配置的范畴与口径得到了极大的增强[31]。我国"七五"攻关期间,开展了地表水和地下水的联合调控,同时考虑地表水与地下水间的动态转换关系,通过分析降水、地表水、土壤水、地下水这"四水"的水循环结果,提出了"四水"间的转化规律和水资源供需分析的概念,对于提高水资源评价精度和合理指导水资源开发利用具有实用价值。但由于考虑水资源具有的生态环境和社会属性,所以忽略了水资源供需与区域经济发展、生态环境保护之间的动态协调[50-51]。"九五"攻关期间,我国西北地区由于水资源过度利用造成的生态环境问题愈演愈烈,经济发展、生态环境和水资源开发利用间的协调问题得到了重视,《西北地区水资源合理开发利用与生态环境保护》课题首次将水资源配置的范围扩展到了社会经济–生态环境–水资源多维系统中,通过综合评估水资源承载能力、生态环境保护需求并探究西北干旱半干旱地区水循环转换机制,实现了对西北地区水资源的合理配置,即得到了生态环境和社会经济系统耗水各占50%的用水格局,为面向生态的水资源配置研究奠定了理论基础[52-53]。2015年,陈太政、高亮、潘俊等在多水源分析基础上,研究了城市的多水源优化配置问题[54-56]。刘争胜等以鄂尔多斯市为典型地区,重点研究了矿井水、微咸水、岩溶水、潜流和雨水等多种非常规水源的综合利用,为我国缺水地区多水源配置提供了一定参考[57]。2016年以来,学者们主要针对多水源优化配置方法与模型展开了大量研究,丰富了区域多水源配置理论体系[58]。随着跨流域与流域内调水工程的开通和运行,考虑调水水量的多水源联合调配将是近几年的研究重点,提出科学、合理的多水源联合调配模式对于保障区域供水安全具有重要作用[59-61]。

1.2.3　空间均衡及其在水资源配置中的应用研究进展

"空间均衡"在地理学中的定义是空间的经济供应与需求平衡,偏重于空间结构分析[62]。"空间均衡"主要研究的是区域经济增长的空间影响及系统内相互作用,即通过区域经济参与主题的行为模式优化,分析其区域经济增长空间态势[63-64]。从地学方向来看,空间均衡代表区域社会经济发展与资源禀赋具有良好的协调度,可以实现可持续发展目标,并让社会、经济、生态、环境、资源综合效益最大化[65]。习近平总书记2014年3月14日就保障国家水安全战略问题提出了"节水优先、空间均衡、系统治理、两手发力"的十六字治水思路,强调了中国新时期水资源管理需遵循"空间均衡"的原则,水资源"空间均衡"治水理念应运而生[66]。十六字治水思路中"空间均衡"具有两层含义:①人类发展必须限制在资源环境禀赋范围内,人口规模、产业结构、经济增速不能超过水资源、土地资源、环境容量的承载力。②将水资源、水生态、水环境承载力作为刚性约束,从而不断提升社会经济发展布局与水资源分布的空间匹配度[62,67]。王浩等认为,以水资源荷载平衡为目标进行水资源空间均衡配置,是促进区域经济社会发展与水资源承载力相适应的重要举措之一[68]。

部分学者对水资源空间均衡相关内容展开了初步探索。范波芹等针对浙江水资源问题,探讨了水资源规划对空间均衡发展的引导作用[69]。方子杰和柯胜绍针对水资源短缺的破解路径问题,论证了水资源空间均衡的必要性[70]。左其亭等提出了空间均衡系数和总体空间均衡度,并采用GIS方法计算了河南省的水资源空间分布情况[71]。朱彩琳等将协调发展度作为空间均衡判定标准,构建了水资源空间均衡优化配置模型,获得了盐城市水资源优化配置方案[39]。郦建强等提出了"水资源空间均衡"的基本概念及内涵,分析了水资源空间均衡度的评价方向[72]。左其亭等通过论述水资源空间均衡理论需求及基本原理,提出了对应的框架体系与量化方法,初步解释了水资源空间均衡是什么、为何提与如何用等问题[73]。2020年之后,学者们将研究重点放在了水资源空间均衡系数计算、评估模型构建、均衡度评价等方面[74-76],鲜有对多水源空间均衡配置展开深入研究。"空间均衡"的水资源配置是近年来水资源管理领域中的重大实践问题,是一个综合了运筹学、战略管理、信息技术以及各种专门知识的交叉学科。当前国内外研究多局限于理论层面,尚未形成统一的认识,且对实际应用的研究尚处于探索阶段。

1.3　研究目标与研究内容

1.3.1　研究目标

　　本书以禹州市为研究对象,基于地表水与地下水以及其他水源统一调配、水量水质统一评价的原则,系统地对禹州市水资源数量、质量与可利用量进行评价,并从水利工程建设现状、供水量、用水量、耗水量等方面对区域水资源开发利用现状进行分析,提出了禹州市水资源总体规划与节水规划;结合禹州市经济社会发展情势,预估了 2025 年与 2030 年禹州市生活、工业、建筑业、农业、生态环境的需水量;通过识别区域地表水源、地下水源、非常规水源,特别针对禹州市利用矿井水的区域特征,解析了禹州市内矿井水可开发利用量,科学地评估了禹州市基准年、2025 年和 2030 年可供水量;针对禹州市水资源及其开发利用存在的主要问题,以水资源可持续利用支撑经济社会可持续发展、区域经济社会发展与生态环境保护相协调为二维目标,系统构建了区域水资源利用的新格局和重大工程布局,采取多水源联合、多种策略并举实现禹州市水资源供需平衡及可持续利用,从而提出了基于多水源多尺度协调的禹州市水资源联调联供方案,切实提高了区域水资源承载能力,缓解了禹州市水资源供需矛盾,促进了禹州市优势资源的高效转化与产业布局,为禹州市建设资源节约型、环境友好型社会夯实了基础。

1.3.2　研究内容

　　根据禹州市水资源综合规划的总体目标要求,综合考虑区域水资源、生态环境、水利工程、经济社会等各项因素以及存在的主要矛盾,提出水资源开发、利用、节约、保护的总体格局和区域水资源的工程布局、管理框架以及产业布局方案建议。

1.3.2.1　水资源及其开发利用现状分析

　　对禹州市社会经济发展现状和水资源利用现状开展调查,对区域水资源量进行分析,评价现状条件下水资源利用模式、用水水平、用水效率、水质及生态环境等,综合分析水资源开发利用与经济社会可持续发展之间的协调程度,提出水资源开发利用中存在的主要问题。

1.3.2.2　国民经济和生态环境需水预测及供需形势分析

　　根据禹州市国民经济发展规划,分析未来水平年经济社会发展态势,提出不同情景模式的经济社会发展指标;按照建设资源节约、环境友好型社会要求,结合科技发展水平,分析经济社会发展及生态环境保护对水资源的需求。考虑水资源条件,进行不同水平年供需形势分析。

1.3.2.3　制定水资源优化配置方案

　　1.水资源总体配置方案

　　根据禹州市水资源承载能力,以支撑经济社会可持续发展、维持区域生态环境良性发展为出发点,统筹考虑经济社会和生态环境、行业之间的用水关系等因素,通过地表水、地下水、南水北调中线水以及非常规水源联合调配,建立配置合理、安全保障程度高、抗御干旱风险能力强、生态环境良好的水资源合理配置格局和城乡安全供水保障网络体系,保障经济社会可持续发展对水资源的合理需求。

2.保障重点领域供水安全

在节约用水的前提下,改(扩)建现有水源地,科学规划新建水源地,合理调配水资源,提高供水能力,保障城乡饮水安全;采取水权转换、跨区域调水等措施,基本保障城镇和主要工业园区供水安全;在已有灌区加大续建配套与节水改造、提高农业用水效率和效益以及发展高效节水农业的基础上,提高灌区水资源保障能力。

3.提高水资源应急调配能力

加快应急备用水源建设,推进城镇和主要工业园区多水源建设,加强水源地之间和供水系统之间的联网和联合调配。制定特殊干旱年等紧急情况下水源应急管理预案以及供水调度预案等,建立健全从水源地到供水末端全过程的供水安全监测体系,提高特殊干旱年份以及突发事件的应对能力,保障正常社会秩序。

1.3.2.4　规划水资源配置工程体系

禹州市水资源时空分布不均,生态环境脆弱,境内缺乏大型水利工程,中型水利工程少,水资源配置能力低,影响区域水资源合理调配。规划要在充分考虑节约用水的前提下,通过水资源的供需分析,提出禹州市水资源配置工程布局,提高禹州市水资源调配能力和保障水平。

1.3.2.5　提出水资源保护措施

1.实行入河污染物总量控制

以保障饮用水安全、恢复和保护水体基本功能、改善水环境为前提,根据水功能区的功能目标要求核定水域纳污能力,提出入河污染物限制排放总量意见。

2.加强点污染源和面污染源的治理与控制

通过多部门协作,加大水污染治理力度。实现工业企业废污水全部达标排放,加快城镇污水收集管网和处理设施建设,提高污水处理水平和中水回用程度,减少废污水和污染物的排放量;加强对饮用水水源地的保护,提高水源地水污染风险监督防范管理水平;科学使用化肥、农药,减少农业面源污染;提高城镇垃圾和畜禽养殖污染物的收集处理水平,减少随地表径流过程进入水体的污染负荷。逐步控制点源污染负荷,减少非点源污染物入河量。

3.完善水功能区监控体系

完善城乡饮用水水源地水质监测和安全评价体系,逐步增加常规监测项目和开展有毒有机污染物定期监测;完善突发性饮用水安全事件的预警预报体系和应急预案;加强重点控制断面和重点排污口的水质监测设施和监测网络建设,逐步完善水功能区监控监测体系,全面提高水污染突发事件应急处理能力。

1.3.2.6　提出严格水资源管理的体制机制

提出建立健全区域水资源可持续利用协调机制,建立适应市场经济要求的集中统一、依法行政、具有权威的水资源管理体制,加强水资源统一规划、统一调配和综合管理。

在水资源配置格局的基础上,完善取水许可与水资源论证制度,通过总量控制和定额管理使取水许可和水权分配对经济社会发展与生态环境保护的宏观调控作用进一步增强。合理制定水价体制,通过经济手段实现水量向更高效方向的流动和结构性节水。

第 2 章　水资源均衡配置理论基础与关键技术

2.1　理论基础

水资源均衡配置是采取各种工程措施和非工程措施将多种水源在时间上和空间上对不同用户的分配过程,水资源配置的具体方式表现在空间配置、时间配置、水源配置、用水配置和管理配置五个方面。

(1)空间配置:通过技术和经济手段改变各区水资源的天然条件和分布格局,促进水资源的地域转移,解决水土资源不匹配的问题,使生产力布局更趋合理。

(2)时间配置:通过工程措施和技术手段改变水资源的时间波动性,将水资源适时适量地分配给各个地区和用水户,以满足不同时期的用水需求。

(3)水源配置:对地表水、地下水、南水北调中线水以及各种非常规水源统一配置,保证各种水源得到高效合理利用。

(4)用水配置:协调各部门的用水需求,以有限的水资源满足人民生活、国民经济各部门、生态环境对水资源的需求。

(5)管理配置:重点解决重开源轻节流、重工程轻管理的外延用水方式问题。采取多种管理措施、强化制度建设、推行统一管理、实施最严格的水资源管理。

从微观上讲,区域水资源均衡配置包括取水方面的合理配置、用水方面的合理配置,以及取、用水综合系统的水资源均衡配置等。取水方面是指地表水、地下水、再生水、矿井水、集雨工程等多水源间的均衡配置,用水方面是指生活用水、生产用水和生态环境用水间的均衡配置。

2.2　水资源均衡配置原则

(1)以改善生态环境、促进区域经济社会可持续发展为出发点原则。禹州市要以区域水资源的可持续利用支撑经济社会的可持续发展,因此在水资源合理配置时,要以促进经济社会可持续发展和改善区域生态环境为出发点。规划到 2025 年,要在水资源开发利用中充分考虑水资源和水环境承载能力,切实保护生态环境,促进经济社会发展,协调人与自然的和谐关系;规划到 2030 年,期望通过加快推进高效节水工程的建设步伐,进一步改善区域生态环境状况,促进经济社会的可持续发展。

(2)协调水资源开发利用与经济发展布局关系原则。禹州市水资源配置要发挥水资源作为战略性经济资源和基础性自然资源对经济社会发展的支撑作用,根据统筹城乡发展、加快禹州市产业集聚区快速发展的要求,协调水资源供给与区域经济发展布局的关系,提出水资源开发利用的总体格局,促进经济结构调整、城镇化进程以及生态环境建设。

(3)协调好生活、生产、生态用水关系原则。在水资源合理配置总体格局下,保障区域用水基本公平,经济和生态用水均衡。生活用水必须优先保证,在此前提下,要以水资源的可持续利用支持工农业生产的可持续发展,但是工农业生产发展的规模和水平要受到水资源量的制约,同时要促进工农业生产提高用水效率。因此,在水资源配置中要统筹兼顾,协调好生活、生产、生态用水的关系。

(4)公平优先、兼顾效率原则。在总体调控目标下兼顾市场机制,把保证居民生活供水安全放在首位,适当考虑现有用水指标的分配和使用情况,满足社会发展对饮水安全的要求,在确保生活用水基础上优先保障各区域、行业的最低用水需求。在满足公平原则下体现高效益用户优先用水原则,充分发挥市场在水资源配置中的导向作用,通过水源优化配置为水源服务功能转换提供方向和决策建议,实现区域水资源高效利用。

(5)地表水、地下水、南水北调水和非常规水源统一配置原则。随着禹州市社会经济的快速发展,禹州市需水量不断增加。未来区域发展对水资源的需求仍将持续增长,加强非常规水源的有效利用对于缓解水资源供需矛盾具有重要意义。因此,水资源配置中,要统一配置地表水、地下水、南水北调水以及各种非常规水源。充分考虑地表水和地下水的空间分布,按照总量控制和地下水采补平衡的原则,统一考虑地表水和地下水资源的配置,对具备非常规水源利用的地区合理规划、统一配置、高效利用。

2.3 城市多水源空间均衡配置模型

2.3.1 多水源均衡配置策略

随着近年来水资源需求的不断增长,水资源供需矛盾日益突出,城市水资源危机加剧,水环境质量的不断恶化,水资源短缺已演变成倍受关注的流域资源环境问题之一,寻求有效手段来缓解水资源危机已成为区域迫切需要解决的现实问题。

城市多水源均衡配置是一个非常复杂的系统工程,水源合理调配可提高供水效率,有效缓解水资源供需矛盾。考虑多种常规水源地表水、地下水、当地水、过境水、外调水以及合理利用微咸水、雨水利用、污水回用、矿井水等其他水资源。供水对象包括城镇生活、农村生活、农业、一般工业、能源化工工业、建筑业和第三产业以及生态环境等7项用水。根据各种可能水源的特征和各项需水性质,提出多水源均衡配置的关系网络图,见图2-1。

城市多水源均衡配置的关系是:生活用水对水质要求较高,以优质地下水为主要水源,河流引水为辅助水源;工业用水和生态环境应首先利用再生水、微咸水、矿井水等非常规水源,尽量减少对地下水的开采利用;农业用水以地下水和河流引水为主水源。在多水源调配网络图的基础上,提出一套不同水源的运行规则指导水资源调配,这些规则构成了多水源调配的策略。

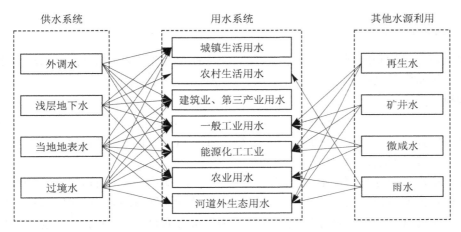

图 2-1　城市多水源均衡配置关系网络图

2.3.1.1　地表水运用规则

（1）没有调节水库的提水工程和引水工程的可供水量要优先利用。有调节水库的提水工程和引水工程,应优先利用水库来水进行供水。如果引水工程、提水工程的区间来水量和水库来水量不够用,就动用水库的可用蓄水量。当水库的蓄水位达到当前时段允许的下限水位时,就不能再增加水库供水。

（2）一个蓄水、引水、提水工程能够同时向多个用水对象供水的情况。如果有规定的分水比例,便优先按照规定的比例供水;否则,依照配置准则分配。

2.3.1.2　地下水运用规则

（1）将地下水的总补给量分为不受人类活动影响的天然补给量和受人类活动影响的工程补给量,前者不考虑工程方案和配置运用方式的影响,后者必须要考虑工程方案和配置运用方式的影响。

（2）根据水循环模拟结果,将地下水供水量分为三部分:①最小供水量（以潜水以上的地下水量按照最小供水量对待）;②最小供水量与可供水量之间的机动供水量;③允许的超采量。地下水利用的优先次序:①最小供水量;②机动供水量;③超采量。

（3）地下水最小供水量要优先于当地地表径流量和水库需水量利用。

（4）机动供水量与地表水供水量进行联合调节运用。

（5）只有当缺水达到一定深度、地表水供水难以保障时,才允许动用地下水超采量。超采的地下水量,在其后时段要通过减少地下水开采量等方式予以回补。

（6）当前时段的补给量按照上一时段的补给条件计算,并滞后到下一时段才能算作地下水量供开采使用。

2.3.1.3　非常规水源运用规则

区域可利用的非常规水源包括再生水、矿井水、微咸水、雨水等。现状及未来应优先利用非常规水源作为工业发展的水源,非常规水源利用中宜根据各地区的非常规水资源分布情况,优先利用再生水、矿井水和微咸水,既可增加经济发展的可供水量,又可缓解环境压力。

2.3.2　目标函数

根据以上目标和准则,结合城市水资源、经济社会和生态环境的特点,从城市水资源利用涉及的水资源高效利用、生态环境保护和经济社会持续发展等多目标出发,建立多目标协调模型如下:

$$\max f(x) = f[S(x), E(x), B(x)] \qquad (2-1)$$

式中,$f(x)$ 为区域水资源决策的总目标,是社会目标 $S(x)$、生态环境目标 $E(x)$、高效利用目标 $B(x)$ 的耦合复合函数。

在城市水资源综合调控中,要综合考虑社会、经济、环境等各方面的因素,因此水资源多目标优化模型应包括城市经济持续发展、生态环境质量的逐步改善和城市社会健康稳定等。基于此,以城市国内生产总值(TGDP)为经济方面目标;以化学需氧量(COD)为环境方面目标;以经济发展平等程度的指标均衡性的基尼系数(Gini Coefficient)为社会指标,以粮食产量(FOOD)为农业发展指标,两者一起作为社会目标;以绿色当量面积(GREEN)和生态环境需水量满足程度为生态衡量指标。

2.3.2.1　社会目标 $S(x)$

社会目标为和谐,主要包括支撑城市经济协调发展、保障生活用水及粮食安全等。综合采用城市发展协调即最小社会总福利的最大化作为目标:

$$\max\{\min U(i,j)\} \qquad (2-2)$$

式中,$U(i,j)$ 为城市的社会福利函数,即社会发展的满意度。社会福利最大可用经济发展平等程度的指标均衡性的基尼系数及粮食产量两个指标表示。

1.城市基尼系数最小——保障公平性

为定量评价城市水资源配置的社会公平性,引入经济学中的基尼系数概念来度量区域水资源分配的公平程度。基尼系数是定量测定收入分配差异程度的指标,经济含义是在全部居民收入中用于不平均分配的百分比。当基尼系数为0,表示分配绝对平等;当基尼系数为1,表示分配绝对不平等。基尼系数在0~1之间,系数越大,表示越不均等;系数越小,表示越均等。区域水资源公平分配的目标函数为:

$$\min GIN = \frac{1}{n^2} \sum_{i=1}^{n} \sum_{k=1}^{n} |S(i)/D(i) - S(k)/D(k)| \qquad (2-3)$$

式中:GIN 为供水基尼系数,其值越小,表明水资源优化配置的子系统间公平性越好;$S(i)$、$D(i)$ 分别为 i 地区的供水量和需水量;$S(k)$、$D(k)$ 分别为 k 地区的供水量和需水量;$|S(i)/D(i)-S(k)/D(k)|$ 为不同地区供水满足程度的差异。

2.粮食产量最大——保障稳定性

采用粮食产量来表征社会稳定性,目标为区域粮食产量最大;由粮食作物的种植结构关系、粮食单位预算产量的变化情况、人均粮食占有量的期望水平来实现。

$$\max TFOOD = \sum_{i=1}^{n} FOOD(i) = \sum_{i=1}^{n} \sum_{m=1}^{T} FOOD(i,m) \qquad (2-4)$$

式中:TFOOD 为区域粮食总产量;$FOOD(i)$ 为 i 区域的粮食产量;$FOOD(i,m)$ 为 i 区域 m 时段的粮食产量;T 为决策总时段。

综合式(2-3)、式(2-4)可采用综合缺水最小目标来协调城市水资源供需矛盾、保障区域供水安全。以城市水资源系统综合缺水率最低(或综合水资源安全度最高)为目标:

$$\min f = \sum_{i=1}^{n} \left[\omega_i \left(\frac{W_d^i - W_s^i}{W_d^i} \right)^{\alpha} \right] \tag{2-5}$$

式中:ω_i 为 i 子城市对目标的贡献权重,以其经济发展目标、人口、经济规模、环境状况为准则,由层次分析法确定;n 为所有调水区和受水区的地区数量;W_d^i、W_s^i 分别为 i 区域需水量和供水量;$\alpha(0<\alpha\leq2$,在此取 1.5)为幂指数,体现水资源分配原则,α 愈大则各分区缺水程度愈接近,水资源分配越公平,反之则水资源分配越高效。

2.3.2.2　生态环境目标 $E(x)$

生态环境目标是保障生态环境修复,实现环境优美:提供必要的生态环境用水,维持河流正常功能以及区域生态系统的平衡。综合采用绿色当量面积最大和污染物 COD 排放量最小为目标。

1.绿色当量面积最大

绿色当量面积最大的目标函数为

$$\max \sum_{i=1}^{m} \sum_{j=1}^{n} \text{GREEN}(i,j) \tag{2-6}$$

式中:GREEN(i,j) 为城市生态综合评价指标"绿色当量面积",通过绿色当量找到各生态子系统生态价值数量的转换关系,将林草、作物、水面和城市绿化等面积按其对生态保护重要程度折算成的标准生态面积。

2.污染物 COD 排放量最小

污染物 COD 排放量最小的目标函数为

$$\min \sum_{i=1}^{m} \sum_{j=1}^{n} \text{COD}(i,j) \tag{2-7}$$

式中:COD(i,j) 为主要排放废水所含污染物因子。通过研究 COD 排放量与工业产值之间的关系、COD 排放量与农业产值之间的关系、COD 排放量与城镇生活的关系、COD 不同阶段 COD 排放削减量的发展变化关系、COD 削减量与污水处理措施之间的关系等来定量化描述经济社会发展的环境效应,通过最小化环境负效应以提高环境质量。

可以概括为,生态环境目标是生态环境需水量满足程度最高,表达式为

$$\max ES = \sum_{i=1}^{N} \sum_{j=1}^{T} \phi_i \prod_{m=1}^{12} \left[\frac{Se(i)}{De(i)} \right]^{\lambda(t)} \tag{2-8}$$

式中:ES 为研究系列生态环境需水量满足程度;$Se(i)$ 为 i 城市生态环境水量;$De(i)$ 为 i 城市适宜的生态环境需水量;N 为统计生态环境需水量的区域总数;ϕ_i 为区域 i 的生态环境权重指数,$\sum_{i=1}^{N}\phi_i=1$;$\lambda(t)$ 为第 t 时段区域生态环境缺水敏感指数。

2.3.2.3　经济目标 $B(x)$

经济目标为高效,在经济学中反映效益的目标众多,如产值、利润、利润率、社会总产值、国民生产总值和国内生产总值等。在这些指标中,有些反映微观经济效果,有些反映宏观经济效果,有些反映经济总量,有些反映一定时期的经济增加量。从资源优化利用的

角度讲,在追求经济总量的同时,更注重经济效益,所以选择既能体现经济总量,又能体现经济效益的指标。因此,在水资源优化配置模型中,选用国内生产总值最大作为主要经济效益目标,同时这个指标也部分反映了社会方面的效果,即全区国内生产总值 GDP 最大,区域国内生产总值之和(TGDP)最大为主要经济目标。GDP 与各部门产值的关系:经济结构,即国民经济各部门投入产出结构的关系;组成各部门最终需求的居民消费和社会消费,固定资产积累,进出口的上下限及在不同阶段间的发展变化规律;不同阶段附加值率/固定资产产出率的变化规律。

$$\text{maxTGDP} = \sum_{i=1}^{m} \sum_{j=1}^{n} \text{GDP}(i,j) \tag{2-9}$$

式中:GDP(i,j)为区域国内生产总值;j 为分区,$j=1,2,\cdots,n$;i 为经济部门,$i=1,2,\cdots,m$。

上述各目标之间以及目标和约束条件之间存在着很强的竞争性。特别是在水资源短缺的情况下,水已经成为经济、环境、社会发展过程中诸多矛盾的焦点。在进行水资源优化配置时,各目标之间相互依存、相互制约的关系极为复杂,一个目标的变化将直接或间接地影响到其他各个目标的变化,即一个目标值的增加往往要以其他目标值的下降为代价。所以,多目标问题总是牺牲一部分目标的利益来换取另一些目标利益的改善。在实际进行水资源规划与水资源优化配置时,一要考虑各个目标或属性值的大小,二要考虑决策者的偏好要求,定量寻求使决策者达到最大限度的满足的均衡解。各目标之间竞争性如图 2-2 所示。

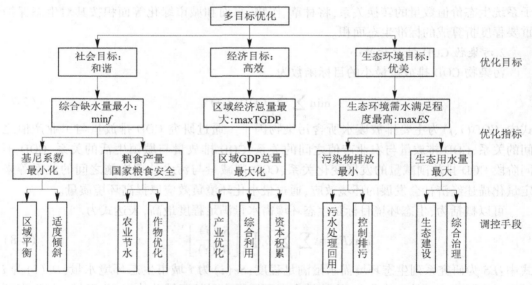

图 2-2 多目标之间的竞争关系

2.3.3 约束条件

系统约束条件主要包括水量平衡约束、水资源消耗量约束、水库蓄水约束、引提水能力约束、地下水使用量约束、水资源开发利用与保护约束、效益性约束、变量非负约束等。

2.3.3.1　水量平衡约束

1.水量平衡约束条件

$$QC(i+1,t) = QC(i,t) + QR(i,t) - QG(i,t) - QL(i,t) + QT(i,t) \qquad (2-10)$$

式中:$QC(i+1,t)$为 t 时段 $i+1$ 节点水量;$QC(i,t)$为 t 时段 i 节点水量;$QR(i,t)$为 t 时段 i 节点区间来水量;$QG(i,t)$为 t 时段 i 节点供水量;$QL(i,t)$为 t 时段 i 节点水量损失;$QT(i,t)$为 t 时段 i 节点区间退水量。单位均为 m^3。

2.水库水量平衡约束

$$VR(m+1,i) = VR(m,i) + VRC(m,i) - VRX(m,i) - VL(m,i) \qquad (2-11)$$

式中:$VR(m+1,i)$为第 m 时段第 i 个水库枢纽末库容;$VR(m,i)$为第 m 时段第 i 个水库枢纽初库容;$VRC(m,i)$为第 m 时段第 i 水库枢纽的存蓄水变化量;$VRX(m,i)$为第 m 时段第 i 个水库枢纽的下泄水量;$VL(m,i)$为第 m 时段第 i 个水库枢纽的水量损失。

2.3.3.2　水资源开发利用与保护约束

1.区域耗水总量小于可利用的水资源量

$$\sum_{i=1}^{12} Q\text{con}(n,t) \leqslant QY(n) \qquad (2-12)$$

式中:$Q\text{con}(n,t)$为区域每一个时段可消耗水资源量;$QY(n)$为区域可消耗的水资源量(水资源可利用量)。

2.地下水使用量约束

$$GW(n,t) \leqslant GP\text{max}(n) \qquad (2-13)$$

$$\sum_{i=1}^{12} GW(n,t) \leqslant GW\text{max}(n) \qquad (2-14)$$

式中:$GW(n,t)$为第 t 时段第 n 计算单元的地下水开采量;$GW\text{max}(n)$为第 n 计算单元的时段地下水开采能力;$GP\text{max}(n)$为第 n 计算单元的年允许地下水开采量上限。

3.河湖最小生态需水约束

$$QE\text{min}(n,t) \leqslant QE(n,t) \qquad (2-15)$$

式中,$QE(i,t)$、$QE\text{min}(i)$分别为第 t 条河道实际流量和最小需求流量,可根据水质、生态、航运等要求综合分析确定。

此外,还包括变量非负约束等。

2.3.4　系统组成

围绕水资源系统全属性(自然、环境、生态、社会和经济属性)的维系和各属性的协调来展开区域水资源优化,以水资源为约束条件,以水资源可持续开发利用促进社会、经济、生态环境可持续协调发展为决策目标,建立区域水资源多维尺度优化模型系统,见图2-3。

模型系统由区域宏观经济模型、社会发展模型、生态环境模型组成,分别模拟和计算水资源调配决策的主要目标。其中水资源优化配置模型是模型系统的核心,包括水资源调配的模拟模型及交互式决策模型两个部分,主要完成水资源系统运行的模拟和水资源配置优化决策。模拟模型是研究在一定的系统输入条件下,采用不同运行规则时的系统响应,城市系统的水资源、经济、环境等主要决策目标的特征属性变化,不同运行规则及分

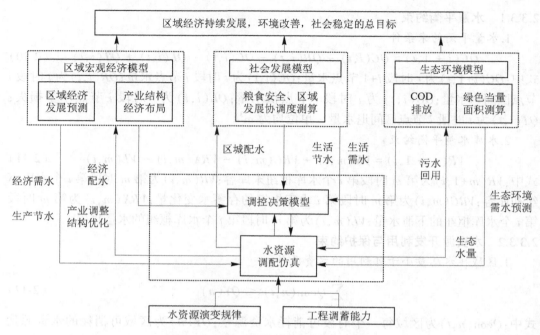

图 2-3　城市多水源均衡配置模型系统

水政策对水资源利用带来的影响以及效益后果等方面响应,模拟模型可模拟水资源系统的运行、水资源的调配并产生不同的配置方案;交互式决策模型实现模型输出和专家决策的相互沟通,实现对城市水资源分配的宏观决策。

2.4　模型求解技术

2.4.1　实现功能

模型的模拟主要是在一定系统输入情况下模拟水资源系统的响应,分析不同运行规则及分水政策给水资源利用带来的影响。建立模拟模型的目的就是要用计算机算法来表示原型系统的物理功能和它的经济效果,模拟系统具备了以下功能:

(1)系统概化与描述。流域水资源系统通过节点和连线构成的节点图来描述。区域地域辽阔,而且各地区之间自然差异大,蓄、引、提工程设施数量多,在对流域进行概化时,应根据需要与可能,充分反映实际系统的主要特征及组成部分间的相互关系,包括水系与区域经济单元的划分、大型水利工程等。但根据研究精度要求,可对系统做某些简化,如可将支流中小型水库及一些小型灌区概化处理等。

(2)供需平衡分析。供需分析是水资源规划的重要内容,其结果也是决策者和规划人员非常关注的问题,要求在供需计算中采用引水进行平衡计算,同时能方便地对分区及全流域进行水资源供需分析。

(3)流域水工程运行模拟。水库调节与库群补偿调节是充分利用水资源、提高其综合利用效益的主要措施,水库群补偿调节的核心问题是妥善处理蓄水与供水的关系及蓄放水次序,要求模型能方便地适应水库运行规则的变化,使得对水库运行规则的模拟具有较大的灵活性。

（4）合理开发利用水资源。按照水资源开发利用和保护的要求,对流域多水源进行联合运用,合理开发其他水资源,为此模型计算时考虑地表水与地下水联合运用,根据不同地区实际情况,采用地下水可开采量直接扣除和考虑地下水允许埋深的水均衡法。

（5）多目标模拟。水利工程运用以及水资源配置反映流域防洪、防凌、输沙、生态环境保护与经济发展等需求,对水资源配置策略进行模拟评价或政策试验是模型的主要功能之一,在模型研究中占有重要地位。

2.4.2　模拟方法

区域水资源系统是一个涉及面广、边界条件复杂、包括众多供水部门和多种水源、上中下游用水需统筹考虑、具有多目标特点的巨大系统。需要应用现代系统分析方法和先进模型技术进行研究。

（1）水资源系统是由自然系统和人类活动系统相结合的复杂系统。系统分析是一种科学的逻辑推理技术,包括逻辑维–时间维–知识维。系统目标的定量化、最优化及模拟技术是系统分析的关键。

（2）系统含有诸多因素,它们彼此联系并呈线性或非线性关系,采用新发展的非线性分析法来寻求最优解。

（3）经济效益采用基于微观经济学原理进行分析。

（4）单产–水反映函数研究需要大量水利、农业统计资料,采用回归分析的方法较深入研究全生育期作物单产与耗水量的关系。

（5）图形显示系统采用地理信息系统（GIS）技术、电子表格软件技术。系统开发的核心是建立流域水资源合理配置模型,整合水文、经济、社会、生态环境的关系,评估不同的配置模式、工程组合、发展水平和各种分配方案的经济效益、社会效益、生态效益的差别,重点反映流域内不同配置方案对地区经济社会发展的作用,选择经济合理的水资源开发利用方案。

2.4.3　系统模拟基础

2.4.3.1　节点水量平衡计算

节点是模型中的基本计算单元,各节点的水量平衡保证了流域内各分区、各河段、各行政区内的水量平衡。

节点水量平衡考虑多水源供水:上游节点来水 $W_\text{上}$、区间入流 $W_\text{区间}$、节点自产水 $W_\text{自产}$（包括地表水、地下水）、接受的回归水 $W_\text{回归}$、外调水 $W_\text{调入}$、污水处理回用 $W_\text{污}$、水库存蓄水量 $W_\text{库}$ 以及雨水、微咸水等其他水源 $W_\text{其他}$。多用户需水:城镇生活需水 $QP_\text{城镇}$、农村生活需水 $QP_\text{农村}$,工业需水 $QP_\text{工业}$,农业需水 $QP_\text{农业}$,城镇生态、农村生态需水 $QP_\text{生态}$ 以及下泄到下一节点的水量需求。$Q\text{con}$ 包括生活、工业、农业、生态等多部门耗水。节点水量平衡表示为:

$$W_上 + W_{区间} + W_{回归} + W_{调入} + W_{自产} + W_污 + W_库 + W_{其他} - Q\mathrm{con} - W_{水库蓄} - W_{调出} - W_下 = 0$$
$$(2\text{-}16)$$

节点缺水量可表示供水量与需水量之差:
$$QC_总 = QS_总 - QP_总 \tag{2-17}$$

式中:缺水量 $QC_总$ 为各用水部门缺水量之和; $QS_总$ 为总供水量; $QP_总$ 为各部门需水总量。

2.4.3.2　水量计算的几个假定

(1)对防凌等的处理,通过水库汛限水位及河道控制流量对防凌控制给予考虑。

(2)计算时段为月。

(3)不考虑河道径流传播时间。

(4)不考虑河道槽蓄影响。

(5)不考虑河道内水量及含沙量对可引水量的影响。

2.4.4　模拟步骤和流程

模型模拟分析的主要步骤如下:

(1)对系统中的各个因素和它们之间的关系进行描述,绘制流域节点图;

(2)明确模型运行的各项政策:

①建立作物单产–水反映函数;

②计算各类用户的需水要求;

③将水库库容划分为若干个蓄水层,赋予相应的优先序,并将水库供水范围内各种需水的优先序组合在一起,制定水库运行规则;

④确定每个节点上的生活及工业需水、农业需水、水库蓄水等项的供水优先序;

⑤采用水利经济计算规程中建议的方法,对农业、工业及生活、发电等不同用水部门进行经济效益计算方法;

(3)将模型所需的各类数据整理成节点文件;

(4)根据流域情况、生产需求、政策变化及优化模型的输出成果调整运行政策或拟定运行方案,模拟模型结构流程见图2-4。

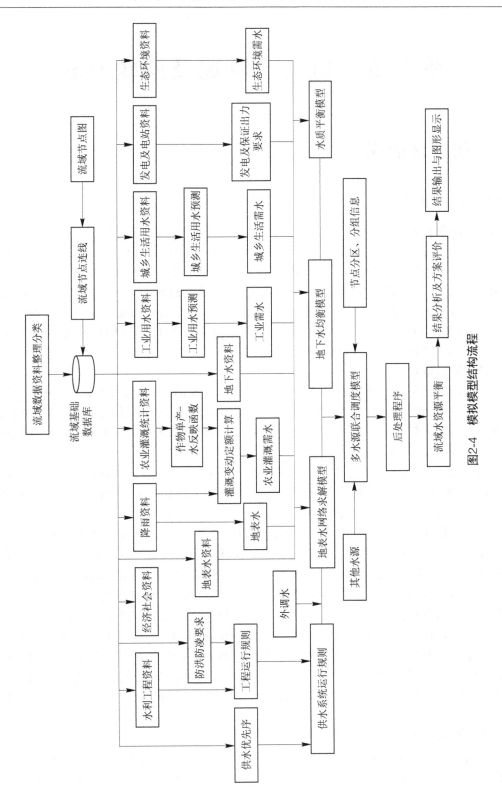

图2-4　模拟模型结构流程

第 3 章 研究区概况及问题诊断

3.1 研究区概况

3.1.1 自然地理

3.1.1.1 地理位置

禹州市位于河南省中部,地处伏牛山脉与豫东平原交接地带,地理坐标为东经 113°03′~113°39′、北纬 33°59′~34°24′,南北长约 47 km,东西宽约 55 km,面积 1 461 km²。禹州市东接许昌市、长葛市,北依新郑市、新密市,西北与登封市相邻,西部、南部连接汝州市、郏县、襄城县。郑尧高速与永登高速在境内交汇,沿郑南公路北上 80 km、郑尧公路北上 64 km 到省会郑州,沿永登高速公路东 35 km 到许昌市,距新郑国际机场 60 km,交通便利。禹州市地理位置及行政区划见图 3-1。

3.1.1.2 地形地貌

禹州地处伏牛山余脉与豫东南平原的交接部位,北部、西部为山地丘陵,中部和东南部为冲积平原,地势由西北向东南倾斜。海拔由西部的最高点(西大洪寨山)1 150.6 m,降到东南部的最低点(范坡乡新前一带)92.3 m。禹州市辖区总面积 1 461 km²,地貌类型主要有山区、丘陵和平原。

山区面积 421 km²,占禹州市土地面积的 28.8%,主要分布在禹州境北部、西部及西南,海拔在 500 m 以上,属伏牛山余脉,境内共有大小山峰 913 座,自西南沿顺时针方向至东北绕着颍川平原,以颍河为界,构成北(具茨)、南(箕山)两大山系。

丘陵面积 450.4 km²,占禹州市土地面积的 30.8%,主要分布在山地东部和南部。西南部丘陵包括白塔山、三峰山、角子山到鸿畅、文殊两镇一带的地区,由寒武系、奥陶系灰岩和石炭系、二叠系及三叠系砂岩、砂页岩构成。东南坡较缓、西北坡较陡。除丘陵顶部有基岩出露外,均有黄土、红土和黄土覆盖,土层较厚,大部分已开垦为农田。北部丘陵位于北部山区的南侧,即玩花台、大木厂一线以南的地区,主要有寒武系、奥陶系灰岩、二叠系砂岩、页岩组成。土层较薄,丘陵间谷地的"堰滩地"面积大,为北部丘陵的高产地块。

平原区面积 589.6 km²,占禹州市土地面积的 40.4%,主要分布于古城、郭连、褚河、小吕、顺店、火龙、梁北、城市郊区一带,是清潩河、颍河、吕梁江冲积而成,坡降 5% 左右,地势平坦,微地貌有倾斜平地、古河道、冲蚀洼地和孤立岗地。地表为洪积物、冲积物覆盖,低洼区汛期易发生水灾。

3.1.1.3 河流水系

禹州市属淮河流域的沙颍河水系,境内主要河流有 31 条,流域面积大于 50 km² 的河流有 15 条,河流总长约 324.2 km。其中,流域面积超过 3 000 km² 的河流 1 条,为颍河;流

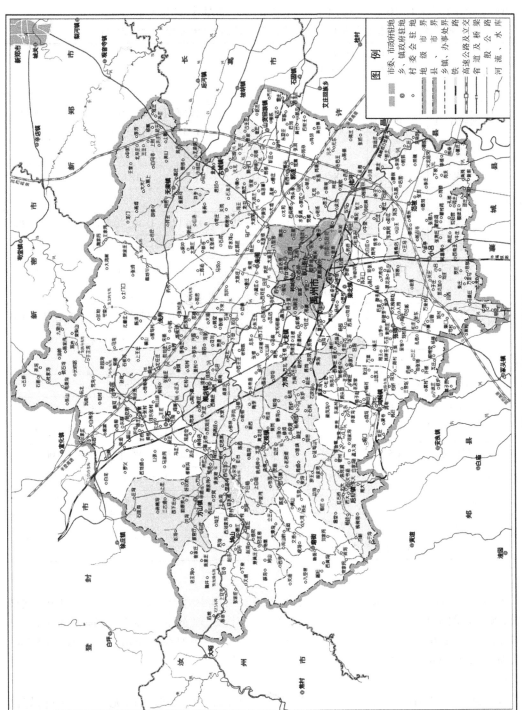

图3-1 禹州市行政区划图

域面积在 200~3 000 km^2 的河流有 4 条,分别为蓝河、肖河、吕梁江和石梁河;流域面积在 50~200 km^2 的河流有 10 条。禹州市境内主要河流的基本情况见表 3-1。

表 3-1　禹州市境内主要河流基本情况统计结果(流域面积大于 50 km^2)

河流		禹州境内河流长度/km	禹州境内流域面积/km^2	径流量/万 m^3	河道比降
颍河	颍河干流	59.5	354.7	27 000	白沙—潘家河口 1/200,潘家河口—西河庄 1/330,西河庄—董庄 1/1 400
	潘家河	16.5	76.0	1 386	方山以上 1/40,方山以下 1/120
	涌泉河	36.4	188.7	3 637	1/150
	小泥河	16.5	92.0	871	1/550
	龙潭河	19.5	77.6	1 224	共青泉水库以上 1/40,共青泉水库以下 1/200
	扒村河	21.5	69.7	997	扒村以上 1/30,扒村以下 1/170
	书堂河	16.5	51.3	742	1/40
	小计	186.4	910.0		
北汝河	蓝河	28.0	168.0	2 697	文殊上游 1/50,文殊至鸿畅镇三管赵村 1/400
	小青河	18.0	57.4	1 003	翟村以上 1/35,翟村以下 1/200
	肖河	7.0	15.5	346	1/40
	吕梁河	15.0	153.0	1 836	1/550
	小计	68.0	321.0		
清潩河	石梁河	21.0	192.7	2 431	小刘庄以上 1/80,小刘庄以下 1/280
	虎水河	23.5	97.0	714	课张以上 1/180,课张以下 1/690
	红河	17.8	23.5	268	山连以上 1/50,山连以下 1/140
	高底河	7.5	25.8	477	1/75
	小计	69.8	192.7		
合计		324.2	1 423.7		

1.颍河

颍河是沙河左岸的一大支流,发源于河南省登封市少室山,流经登封市、禹州市、襄城县、临颍县和西华县,在周口市的孙嘴汇入沙河,全长 263 km,流域面积为 7 324 km^2,多年平均径流量为 2.70 亿 m^3,河道比降在 1/200~1/2 000。颍河在禹州市境内全长 59.5 km,流域面积 354.7 km^2,为山丘进入平原地区的过渡河段。

2.石梁河

石梁河为清潩河的支流,为禹州市境内第二大河,发源于禹州市无梁镇龙门村好汉坡,河流自西北向东南经无梁、古城、山货等乡(镇),在山货乡先后接纳红河、泥河、虎水河等河流,最后在山货乡雷庄村西南流出禹州,在许昌县苏桥镇漯沱闸北 200 m 处汇入清溉河。石梁河全长 41 km,流域面积 391 km²,河道比降 1/1 000~1/2 000,其中在禹州市境内河长 21.0 km,流域面积 192.7 km²,多年平均径流量 2 431 万 m³。

3.吕梁江

吕梁江又名吕梁河,为北汝河支流,因流经吕梁山西侧而得名。吕梁江发源于三峰山东峰之阳、张得乡酸枣树杨村,流经张得乡和小吕乡,于小吕乡前营村西南流入襄城县,在襄城县西十里铺单庄村汇入颍河。河流全长 45 km,流域面积 432 km²,河道比降 1/550。其中在禹州市境内长 15.0 km,流域面积 153 km²,多年平均径流量 1 836 万 m³。

4.蓝河

蓝河为汝河的一级支流,发源于禹州市磨街乡牛头山北麓大涧村,因河水呈蓝色而得名。又因发源于大涧,亦名"涧头河"。蓝河流经禹州市磨街、文殊、神垕、力岗和鸿畅等5 个乡(镇),于鸿畅镇三管赵村西南入郏县,在郏县长桥镇汇入汝河。主要支流小青河自鸿畅镇东北汇入。蓝河在禹州市境内全长 28.0 km,流域面积 168 km²,河道比降为 1/50~1/400,多年平均径流量 2 697 万 m³。

5.肖河

肖河发源于禹州市神垕镇凤阳山之阳、大刘山之阴的杨岭村,有黑龙池、黄龙池两处起源地,两源于神垕镇回合,流经神垕镇向南于董家门东南进入郏县,过安良后,在双槐赵北汇入蓝河。肖河在禹州市境内的河长为 7.0 km,流域面积为 15.5 km²,河道比降为1/40,多年平均径流量为 346 万 m³。禹州市水系分布见图 3-2。

3.1.1.4　气候特征

禹州市属北暖温带季风气候区,热量资源丰富,雨量充沛,光照充足,无霜期长。因属大陆性季风气候,多旱、涝、风、雹等气象灾害。四季气候总的特征是:春季干旱多风沙,夏季炎热雨集中,秋季晴和气爽日照长,冬季寒冷少雨雪。

1.气温与积温

禹州市多年平均气温 13.0~16.0 ℃,其中最暖年为 1961 年,年平均气温 15.7 ℃;较冷年为 1984 年,年平均气温 13.6 ℃,暖、冷年相差 2.1 ℃。年极端最高气温 42.9 ℃,发生在1972 年 6 月;年极端最低气温 -13.9 ℃,发生在 1958 年 1 月和 1971 年 12 月。最热月为7 月,平均气温 27.6 ℃;最冷月为 1 月,平均气温 0.2 ℃。日平均气温稳定通过 0 ℃以上的初日平均为 2 月 11 日,终日为 12 月 21 日,其间积温为 5 176.6 ℃。

2.降水与蒸发

禹州市多年平均降水量 665 mm,最大年降水量为 1 165.7 mm,发生在 1964 年;最小年降水量为 371.9 mm,发生在 2013 年。受季风气候影响,各季节降水量分布不均,全年以汛期降雨最为集中,平均达 435.9 mm,占全年降水量的 65.5%;秋季和春季雨量分别为151 mm 和 122 mm,占年降水量的 23%和 19%;冬季雨雪稀少,平均降水量仅 25 mm,占年降水量的 4%。

禹州市多年平均蒸发量 945.9 mm,具有由西北到东南逐渐递减的特点。

3.风力特点

禹州市处于大陆季风区,境内风向、风速均有明显的季节变化特点,年平均风速为2.5 m/s。其中,夏季多偏南风,冬季多偏北风,常年主要为东北风。

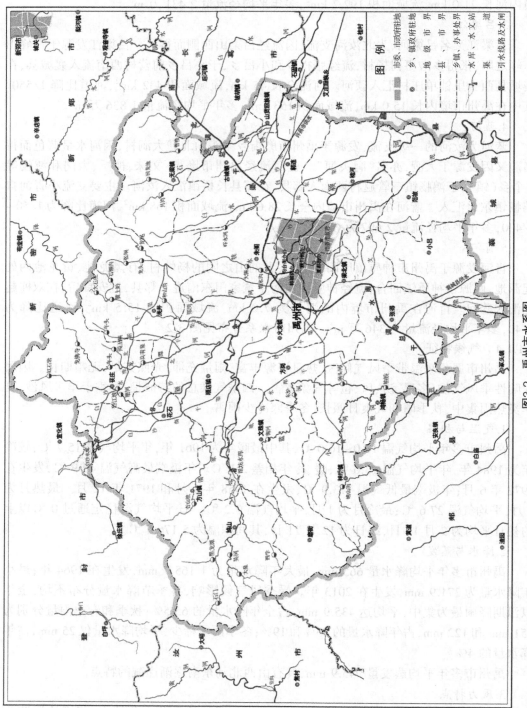

图3-2　禹州市水系图

4.无霜期

禹州市多年平均无霜期为 218 d,最长达 248 d(1977 年),最短只有 179 d(1962 年)。最低气温小于或等于 2.0 ℃为霜冻指标,霜冻平均初日为 11 月 1 日,平均终日在 4 月 5 日,间隔日数为 155 d。

5.干旱指数

干旱指数为年蒸发能力与年平均降水量的比值,是反映气候干旱程度的指标。禹州市干旱指数为 1.24,具有自南向北、自东向西递减和同纬度山区小于平原的特点。根据气候分布带划分等级,禹州市属于半湿润区。

3.1.1.5 土地资源

禹州市土地总面积为 1 466.06 km²,其中农用地面积 1 100.37 km²,建设用地面积 264.57 km²,其他土地面积 101.12 km²。在禹州市土地利用中,农用地占 75.1%,占比最高;建设用地次之,占 18.0%,详见表 3-2。

表 3-2 禹州市土地利用现状

地类			面积/km²	比例/%
农用地面积		耕地	893.67	60.96
		园地	1.75	0.12
		林地	119.07	8.12
		草地	1.18	0.08
		其他	84.70	5.78
		合计	1 100.37	75.06
建设用地面积	城乡建设用地	城镇用地	31.24	2.13
		农村居民点用地	177.79	12.13
		采矿用地	30.19	2.06
		其他独立建设用地	1.23	0.08
		小计	240.46	16.40
	交通水利用地	铁路用地	1.65	0.11
		公路用地	14.60	1.00
		水库水面	3.28	0.22
		水工建筑用地	0.86	0.06
		小计	20.39	1.39
	其他建设用地	风景名胜设施用地	3.17	0.22
		特殊用地	0.55	0.04
		小计	3.72	0.25
合计			264.57	18.05

地类		面积/km²	比例/%
其他土地面积	水域	6.56	0.45
	自然保留地	94.56	6.45
	合计	101.12	6.90
总计		1 466.06	100.00

3.1.1.6　矿产资源

禹州市境内矿产资源丰富,主要矿藏有煤、铝矾土、铁、陶瓷土、石灰石、料石矿、耐火矿、硫黄矿、磷矿和铜矿等。

据最新勘察结果,禹州市境内煤田总储量为 96 亿 t,占全省总储量的 8.2%,禹州煤系地层为石炭系太原群、二叠系山西组及上下石盒子组,煤系总厚 720 m,煤层总厚 15 m 左右。铝矾土为禹州市主要矿产之一,境内分布较广,蕴藏量约 2 亿 t,已查明 7 000 万 t,具有品位高、质量好、易开采的特点,主要分布于方山、苌庄、磨街、鸿畅、浅井、文殊、鸠山、神垕等地。铁矿主要种类有赤铁矿、钛磁铁矿和烧铁矿等,其中赤铁矿主要分布在圪垃垛山、乱石山、马鞍驮山、红石峪、牛山、兰花山等地,钛磁铁矿主要分布在扒村、摘星楼山、鹁鸪崖山一带,烧铁矿主要分布在圪垃垛山、马鞍驮山一带。陶瓷土主要分布于神垕、浅井、扒村、文殊、磨街、鸿畅一带,因境内陶瓷土储量丰实,形成了神垕、城区、扒村、方山等四大陶瓷生产基地。石灰岩遍布禹州境内大部山岭,开采加工多集中在禹州城北部的无梁、浅井一带,诸侯山、老龙山为最。料石矿砚石矿床在浅井镇扒村北的大礌山,花石分布在浅井乡的艾鹤坪山北。耐火石主要分布在苌庄、浅井、花石一带。

3.1.1.7　自然灾害

禹州市的自然灾害主要有干旱和干热风。干旱是禹州市主要自然灾害之一,降水年际与季节变率较大是造成旱灾的主要原因。据统计,禹州市年内 4~8 月降水变率均在 50% 以上,4 月、7 月、10 月具有农业经济意义的降水保证率 80% 以上的降水量分别为 48 mm、144 mm 和 40 mm,降水变率大,保证率低,因而干旱的发生率较高。干旱以春旱最多,初夏旱和伏旱次之,此时作物进入旺盛生长期,且气温高,蒸发量大,对农作物的危害也最为严重。

3.1.2　经济社会

3.1.2.1　人口及行政区划

1.行政区划

禹州市行政区划辖 26 个乡(镇、办事处),其中 4 个街道办事处、17 个镇、5 个乡(含 1 个回族乡)。另有禹州市城市新区管委会和被列为河南省重点产业集聚区的禹州市产业集聚区管委会。禹州市行政区划见图 3-1。

2.人口分布

根据《禹州市统计年鉴》(2014 年),2014 年禹州市总人口 127.67 万人,其中城镇人口

40.54 万人,农村人口 87.13 万人,城镇化率较低,仅为 31.7%,低于河南省的 46.9% 和全国的 56.1%。

从人口分布看,顺店镇人口最多,为 8.36 万人,占全市总人口的 6.5%;山货乡人口最少,仅为 1.31 万人,仅占全市总人口的 1.0%。禹州市人口比较密集,人口密度为 871 人/km²,高于全国人口密度 143 人/km² 和河南省人口密度 563 人/km²,其中颍川办事处人口密度最大,为 3 720 人/km²;浅井镇人口密度较小,为 295 人/km²。2014 年禹州市人口及城镇化率分布情况详见表 3-3。

表 3-3　禹州市土地利用现状情况

分区			土地面积/km²	总人口/万人	城镇人口/万人	城镇化率/%	人口密度/(人/km²)
水资源分区	颍河	Ⅰ 颍河上游	304	22.62	4.16	18.4	744
		Ⅱ 颍河下游	466	49.58	19.09	38.5	1 064
		Ⅲ 涌泉河	155	6.16	1.07	17.5	397
	北汝河	Ⅳ 蓝河	223	20.46	8.39	41.0	917
		Ⅴ 吕梁河	120	12.09	4.62	38.2	1 012
	清潩河	Ⅵ 石梁河	198	16.75	3.18	19.0	845
行政分区	苌庄乡		89	3.52	0.17	4.8	397
	方山镇		74	4.43	0.49	11.1	598
	花石镇		71	6.32	0.23	3.6	886
	顺店镇		70	8.36	3.27	39.1	1 189
	浅井镇		112	3.31	0.10	3.0	295
	火龙镇		42	5.79	2.01	34.7	1 382
	朱阁镇		71	4.73	1.97	41.6	667
	梁北镇		46	5.84	1.93	33.0	1 255
	褚河镇		73	7.40	0.81	10.9	1 009
	范坡镇		72	6.83	1.73	25.3	951
	钧台办事处		16	4.39	2.80	63.8	2 793
	颍川办事处		13	4.75	3.39	71.4	3 720
	韩城办事处		9	2.71	1.49	55.0	2 901
	夏都办事处		12	3.84	2.86	74.5	3 263
	鸠山镇		96	3.71	0.72	19.4	387
	磨街乡		59	2.44	0.36	14.8	414
	神垕镇		50	4.68	3.01	64.3	936
	文殊镇		62	5.21	1.94	37.2	840

续表 3-3

分区		土地面积/km²	总人口/万人	城镇人口/万人	城镇化率/%	人口密度/人/km²
行政分区	鸿畅镇	68	6.18	2.38	38.5	909
	方岗镇	44	4.39	1.07	24.4	998
	张得镇	70	6.49	2.73	42.1	922
	小吕乡	49	5.60	1.89	33.8	1 141
	无梁镇	86	4.13	0.80	19.4	477
	古城镇	54	5.28	1.16	22.0	982
	郭连镇	46	6.03	1.07	17.7	1 311
	山货乡	12	1.31	0.16	12.2	1 091
合计		1 466	127.67	40.54	31.7	871

3.1.2.2　经济发展现状

禹州市历史悠久、文化厚重。改革开放以来,禹州市的经济取得了显著成就,各项社会事业突飞猛进。工业依托资源优势,能源、建材、机械、陶瓷、有色金属等支柱产业发展强劲,并形成产业集群,高新技术产业初具规模。在化工机械、铸造、汽车配件、发制品、建材等领域成为国内领先地区。农业依托国家级基本农田保护区建设、农业效益和产值的提升,畜牧业比重不断增大,同时形成了中药材、红薯、优质小麦生产基地。

据统计,2014 年禹州市地区生产总值(GDP)438.27 亿元,其中第一产业增加值 32.44亿元,占 GDP 的 7.4%;第二产业增加值 259.69 亿元,占 GDP 的 59.3%;第三产业增加值146.13 亿元,占 GDP 的 33.3%。近 10 年来,禹州市的三产结构得到进一步优化,三产结构由 2005 年的12.0∶65.9∶22.1 调整到 2014 年的 7.4∶59.3∶33.3,工业主导型经济格局初步形成,位居全国工业百强县(市)第 73 名。

现状 2014 年禹州市产业结构分布详见表 3-4 和图 3-3。

表 3-4　2014 年禹州市各分区地区生产总值及构成统计结果

分区			GDP/亿元			
			第一产业	第二产业	第三产业	合计
颍河	Ⅰ	颍河上游	5.10	47.23	16.33	68.66
	Ⅱ	颍河下游	13.11	123.35	88.83	225.29
	Ⅲ	涌泉河	1.70	13.74	5.24	20.67
北汝河	Ⅳ	蓝河	3.79	42.87	19.95	66.62
	Ⅴ	吕梁河	3.82	6.64	3.88	14.34
清潩河	Ⅵ	石梁河	4.92	25.86	11.90	42.69
合计			32.44	259.69	146.13	438.27

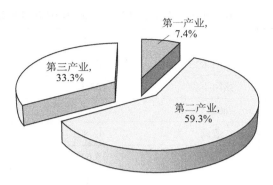

图 3-3　2014 年禹州市三产结构分布

1.农业

根据《禹州市统计年鉴》(2014 年)和禹州市水利普查资料,截至 2014 年,禹州市共有耕地面积 136.5 万亩,其中农田有效灌溉面积 59.94 万亩,2014 年实灌面积 45.00 万亩;大(小)牲畜 95.12 万头(只),其中大牲畜 91.82 万头,小牲畜 3.29 万只;粮食总产量 52.72 万 t,人均粮食 413 kg,高于全国平均水平。

2014 年禹州市农业生产现状情况统计成果详见表 3-5。

表 3-5　2014 年禹州市农业生产现状情况统计结果

分区			有效灌溉面积/万亩	实灌面积/万亩	粮食产量/万 t	农业增加值/亿元	大、小牲畜/[万头(只)]
颍河	I	颍河上游	9.44	7.09	7.71	5.10	16.82
	II	颍河下游	26.75	20.08	18.92	13.11	37.07
	III	涌泉河	0.54	0.40	1.27	1.70	4.60
北汝河	IV	蓝河	5.06	3.80	6.93	3.79	15.22
	V	吕梁河	7.88	5.92	6.53	3.82	8.96
清潩河	VI	石梁河	10.27	7.71	11.36	4.92	12.45
合计			59.94	45.00	52.72	32.44	95.12

2.工业

禹州市工业经济实力雄厚,拥有装备制造、能源、建材、钧陶瓷等支柱产业。目前,已形成了能源、建材、装备制造三大主导产业,钧陶瓷、发制品、铸造、食品和中医药五大特色产业,生物医药和新材料两大战略性新兴产业的格局,全市规模以上工业企业419 家。

根据《禹州市统计年鉴》(2014 年),2014 年全市工业增加值为 259.69 亿元,其中规模以上工业增加值为 235.04 亿元,占全市工业增加值的 90.5%。能源、建材、装备制造三大主导产业为 102.32 亿元,占全市规模以上工业增加值的 39.4%。2014 年禹州市工业增加值统计指标详见表 3-6。

表 3-6   2014 年禹州市工业及第三产业增加值统计结果

分区			工业/亿元	第三产业/亿元
颍河	Ⅰ	颍河上游	47.23	16.33
	Ⅱ	颍河下游	123.35	88.83
	Ⅲ	涌泉河	13.74	5.24
北汝河	Ⅳ	蓝河	42.87	19.95
	Ⅴ	吕梁河	6.64	3.88
清潩河	Ⅵ	石梁河	25.86	11.90
合计			259.69	146.13

3.第三产业

截至 2014 年底,禹州市第三产业增加值为 146.13 亿元。禹州市各水资源分区第三产业增加值指标详见表 3-6。

3.1.2.3   交通运输

禹州市交通便捷,郑尧高速与永登高速在境内交汇;郑南公路和许洛公路、彭花公路贯穿全境,并通过公路与京深铁路、陇海铁路相接,沿郑南公路北上 80 km、郑尧高速公路北上 64 km 到省会郑州,沿永登高速公路东去 35 km 到许昌市,距新郑国际机场 60 km,以上公路与县、乡公路构成四通八达的交通网络。随着郑万高铁的建设,开通后必将为禹州市民众的出行和经济腾飞做出较大贡献。

3.2   水资源条件分析

3.2.1   水资源分区划分

水资源开发利用与当地自然和社会经济情况、国民经济发展布局、水资源特性、水利工程措施等密切相关。禹州市位于河南省中部,处于伏牛山余脉与豫东南平原的交接部位,水资源在国民经济建设与生态环境良性维持中的作用举足轻重。

为了因地制宜、切合实际地开发利用水资源,促进禹州市经济社会可持续发展和生态环境的良性维持,根据禹州市的实际情况和特点,进行水资源分区划分,针对不同分区水资源的具体情况和存在问题,提出水资源开发、利用、节约、保护以及水资源管理的措施和方案。禹州市水资源分区划分主要依据以下原则:

(1)按照同一分区的自然地理条件、水资源开发利用条件、水利化特点和发展方向基本相同或相似;

(2)适当保持行政区划的完整性;

(3)反映水系不同河段的特点,并考虑已建骨干工程和重要水文站的控制作用;

(4)统筹水资源开发利用与保护需求,并结合禹州市产业集聚区布局及与用水水源地的关系。

按上述分区原则,结合禹州市区域特点,共划分 6 个水资源分区,分别为Ⅰ区,颍河上游区(颍河干流涌泉河汇入点以上);Ⅱ区,颍河下游区(颍河干流涌泉河汇入点以下);Ⅲ区,涌泉河区;Ⅳ区,北汝河蓝河区(蓝河);Ⅴ区,北汝河吕梁河区;Ⅵ区,清潩河石梁河区等 6 个区,详见表 3-7 和图 3-4。

表 3-7　禹州市水资源分区结果

分区		面积/km²	乡(镇、办事处)所在区域
颍河	Ⅰ 颍河上游	349.31	苌庄乡、方山镇、花石镇、顺店镇、浅井镇
	Ⅱ 颍河下游	369.01	火龙镇、朱阁镇、梁北镇、褚河镇、范坡镇、钧台办事处、颍川办事处、韩城办事处、夏都办事处
	Ⅲ 涌泉河	184.99	鸠山镇、磨街乡
北汝河	Ⅳ 蓝河	232.39	神垕镇、文殊镇、鸿畅镇、方岗镇
	Ⅴ 吕梁河	119.50	张得镇、小吕乡
清潩河	Ⅵ 石梁河	210.86	无梁镇、古城镇、郭连镇、山货乡

3.2.2　降水与蒸发

3.2.2.1　降水评价

1.降水量评价

按照设站时间早、观测系列长、资料质量好、分布均匀、代表性好的原则,共选用境内白沙、神垕、禹州、牛头、鸠山、纸坊、古城、顺店等 8 个雨量站(平均站网密度为 183 km²/站),又从周边选择了化行、襄城、许昌、长葛等 10 个雨量站,作为降水计算和水资源评价的主要依据站点。

按照 1956~2014 年 59 年同步降水系列评价,计算禹州市多年平均降水量为 665.0 mm。其中,颍河上游区多年平均年降水量 664.3 mm,颍河下游区多年平均年降水量 647.1 mm,涌泉河区多年平均年降水量 692.6 mm,蓝河区多年平均年降水量 684.7 mm,吕梁河区多年平均年降水量 675.6 mm,石梁河区多年平均年降水量 645.2 mm。

禹州市各分区降水量见表 3-8。

表 3-8　禹州市各分区多年平均(1956~2014 年系列)降水量评价成果

分区		面积/km²	降水量/mm	C_v	C_s/C_v	不同频率年降水量/mm			
						20%	50%	75%	95%
颍河	Ⅰ 颍河上游	349.31	664.3	0.25	2.0	798.8	651.0	546.4	416.8
	Ⅱ 颍河下游	369.01	647.1	0.25	2.0	778.1	634.1	532.2	406.1
	Ⅲ 涌泉河	184.99	692.6	0.26	2.0	838.5	678.2	564.7	424.3
北汝河	Ⅳ 蓝河	232.39	684.7	0.26	2.0	828.9	670.5	558.3	419.4
	Ⅴ 吕梁河	119.50	675.6	0.24	2.0	806.9	662.6	560.5	434.0
清潩河	Ⅵ 石梁河	210.86	645.2	0.25	2.0	775.9	632.3	530.7	404.9

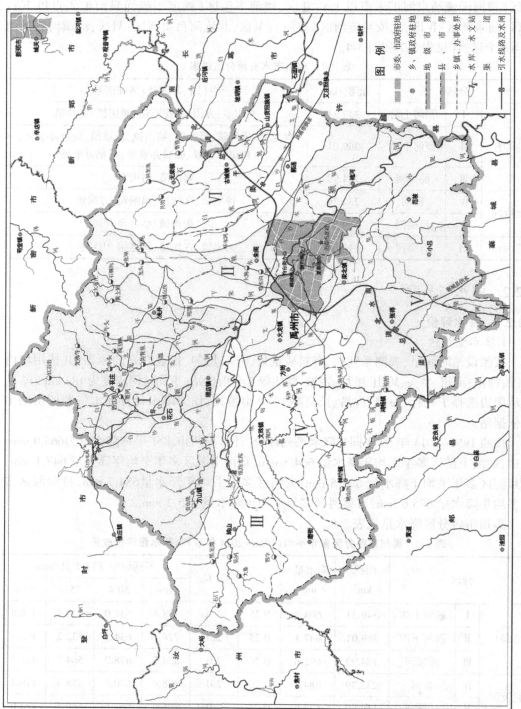

图3-4 禹州市水资源分区划分结果

2.降水量时空分布特征分析

1）降水量的空间分布

受地理位置、地形等因素的影响,禹州市降水量的地域分布不均,主要体现在:西南部的涌泉河区和蓝河区降水量相对较大,多年平均降水量分别为 692.6 mm 和 684.7 mm;其次为东南部的吕梁河区,多年平均降水量为 675.6 mm;第三为颍河干流区,多年平均降水量约 665.0 mm;东北部的石梁河区降水量相对较小,多年平均年降水量为 645.2 mm。

2）降水量时间分布

受季风气候的不稳定性和天气系统的多变性影响,禹州市境内降水具有年内分配不均、年际变化大的特点。

禹州市降水量年内分配特点主要表现为:降水量主要集中在汛期,最大、最小月降水量悬殊。汛期(6~9 月,下同)多年平均降水量 435.9 mm,占全年降水量的 65.5%。年内最大、最小月降水量悬殊,多年平均降水量以 7 月最多,为 164.0 mm;最小月降水量多发生在 1 月,多年平均降水量为 8.7 mm。禹州市多年平均降水量年内分配特征见图 3-5。

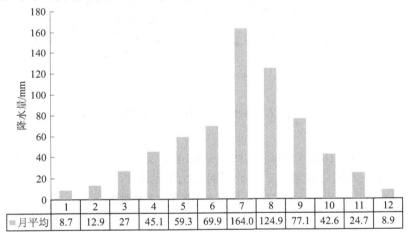

	1	2	3	4	5	6	7	8	9	10	11	12
月平均	8.7	12.9	27	45.1	59.3	69.9	164.0	124.9	77.1	42.6	24.7	8.9

图 3-5 禹州市多年平均降水量年内分配特征

禹州市降水量具有年际变化大和年际丰枯变化频繁等特点。据统计,禹州市最大年降水量与最小年降水量的比值为 2.6~3.1。其中极值比最大的分区为石梁河流域,1964 年降水量最大,为 1 165.7 mm;2013 年降水量最小,仅 371.9 mm,最大降水量为最小降水量的 3.1 倍。禹州市各分区多年平均(1956~2014 年系列)降水量极值比见表 3-9,年均降水量变化特征见图 3-6。

表 3-9 禹州市各水资源分区 1956~2014 年系列降水量极值特征分析

分区			最大年降水量		最小年降水量		极值比	极差/mm
			降水量/mm	出现年份	降水量/mm	出现年份		
颍河	I	颍河上游	1 066.6	1964	409.7	2012	2.6	656.9
	II	颍河下游	1 116.9	1964	408.7	2012	2.7	708.2
	III	涌泉河	1 171.4	1964	388.8	2012	3.0	782.6

续表 3-9

分区			最大年降水量		最小年降水量		极值比	极差/mm
			降水量/mm	出现年份	降水量/mm	出现年份		
北汝河	IV	蓝河	1 227.2	1964	418.0	2013	2.9	809.2
	V	吕梁河	1 165.0	1964	453.3	2013	2.6	711.7
清潩河	VI	石梁河	1 165.7	1964	371.9	2013	3.1	793.8
	合计		1 140.2	1964	413.4	2013	2.8	726.8

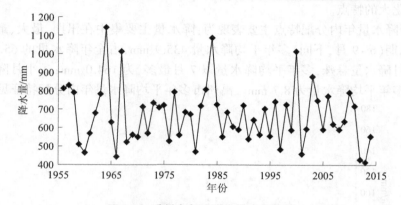

图 3-6　禹州市年均降水量变化特征

3)降水量丰枯变化

按 1956~1979 年、1971~2014 年、1980~2014 年及 1956~2014 年分别统计禹州市各系列分区降水量。不同降水系列丰枯分析对比结果见表 3-10。

表 3-10　不同降水系列丰枯分析对比

分区			1956~2014 年 ①	1956~1979 年 ②	1971~2014 年 ③	1980~2014 年 ④	与 1956~2014 年系列丰枯变化对比/%		
							②-①	③-①	④-①
颍河	I	颍河上游	664.3	667.8	662.4	661.9	0.5	-0.3	-0.9
	II	颍河下游	647.1	663.0	639.9	636.2	2.5	-1.1	-4.1
	III	涌泉河	692.6	699.0	687.9	688.1	0.9	-0.7	-1.6
北汝河	IV	蓝河	684.7	702.0	674.2	672.8	2.5	-1.5	-4.3
	V	吕梁河	675.6	692.2	666.1	664.3	2.5	-1.4	-4.1
清潩河	VI	石梁河	645.2	672.9	632.7	626.3	4.3	-1.9	-7.2
	合计		665.0	678.7	657.9	655.6	2.1	-1.1	-3.5

从表 3-10 中可以看出,各系列与 1956~2014 年系列年降水量相比,1956~1979 年系列年降水量偏丰,1971~2014 年系列年降水量偏枯,1980~2014 年系列年降水量最枯,比 1956~2014 年系列偏枯约 3.5%。

3.2.2.2　蒸发评价

1.水面蒸发

水面蒸发是反映当地蒸发能力的指标。本次评价禹州市境内设有白沙水面蒸发量观测站,位于西部禹州与登封交界处,在禹州东南方向设有化行水面蒸发量观测站。选择白沙和化行两站的平均值作为禹州市平均水面蒸发量。根据白沙和化行两站多年蒸发量观测资料系列,计算得禹州市多年平均水面蒸发量 806.6 mm(见表 3-11)。

表 3-11　禹州市多年平均(1980~2014 年)蒸发量分析结果　　　　单位:mm

月份	1	2	3	4	5	6	7	8	9	10	11	12	全年
蒸发量	24.8	30.8	57.7	83.0	106.7	115.4	98.0	88.7	69.7	57.6	42.6	31.6	806.6

注:表中蒸发量资料采用 E-601 型蒸发器。

水面蒸发量受湿度和温度变化影响,年内最大水面蒸发量主要发生在 5~8 月,最大连续 4 个月的水面蒸发量占年总量的 50.7%。

2.陆面蒸发

陆面蒸发量指区域内水体蒸发、土壤蒸发和植物蒸腾的总和。陆面蒸发量主要取决于降水量及其时空分布,并受地表的植被、地形、地质、地下水埋深及促进蒸发的气象因素影响。当降水量较充分时,陆面蒸发量趋近于水面蒸发量;当气候干燥径流深较小时,趋近于降水量。

陆面蒸发量因流域下垫面情况复杂而无法通过实测取得,通常只能间接估算求得。现行估算陆面蒸发量的方法主要用流域水量平衡方程式估算。

$$\overline{E} = \overline{P} - \overline{R} \tag{3-1}$$

式中:$\overline{E}$ 为多年平均年陆面蒸发量,mm;$\overline{P}$ 为多年平均年降水量,mm;$\overline{R}$ 为多年平均年径流深,mm。

通过计算可知,禹州市多年平均陆面蒸发量为 583.4 mm。

3.2.3　水资源量评价

3.2.3.1　地表水资源量评价

地表水资源是河流、湖库等地表水体中由降水形成的、可以更新的动态水量,用天然河川径流量表示。影响地表径流形成的自然因素有气象因素(降水、蒸发等)和下垫面因素(流域面积、地形地貌、土壤植被等),同时,人类活动对河川径流也有较大影响。禹州市的河川径流主要以降水补给为主。

1.地表径流计算

本书共选取汝州、大陈、告成、白沙、化行和黄桥等 6 个水文站。综合考虑各水文站实测径流资料系列情况、所处地理位置以及禹州市水资源分区,本次评价北汝河支流蓝河流域及吕梁河流域选取汝州和大陈水文站作为代表站,汝州—大陈区间为参证区间;颍河干、支流上颍河上游区、颍河下游区、涌泉河及石梁河选取白沙、化行、黄桥等 3 处水文站作为代表站,白沙—化行区间、化行—黄桥区间作为参证区间。地表径流分析及水资源量计算共收集了禹州市境内外 6 个水文站,实测径流资料系列较长,大部分站实测系列大于45 年,实测径流资料采用历年水文年鉴刊印成果。径流代表站点详见表 3-12。

表 3-12　禹州市水资源量计算选用径流代表站

分区		站名	所在河流	位置	代表区域	站点选用理由
颍河	I　颍河上游	告成、白沙、化行、黄桥	颍河干支流	境内外	沙颍河山丘区、平原区	禹州市颍河干支流代表站
	II　颍河下游					
	III　涌泉河					
北汝河	IV　蓝河	汝州、大陈	北汝河支流	境内外	沙颍河山丘区	禹州市北汝河支流代表站
	V　吕梁河					
石梁河	VI　石梁河	化行、黄桥	颍河支流	境外	沙颍河山丘区、平原区	禹州市石梁河代表站

对于有径流站控制的分区,当径流站控制区降水量与未控区降水量相差不大时,根据径流测站分析计算成果,按面积比折算为该分区的年径流量系列;当径流站控制区降水量与未控区降水量相差较大时,按面积比和降水量的权重折算分区年径流量系列。

$$W_{分区} = \sum_1^i W_{控} + W_{区间} \tag{3-2}$$

式中,$W_{分区}$、$W_{控}$、$W_{区间}$分别为分区、控制站、未控制区间(控制站以下至省界或河口)的水量,m^3。

对于水资源分区内没有径流站控制(或径流站控制面积很小)的,一般利用水文模型或借用自然地理特征相似地区测站的降水-径流关系,由降水系列推求年径流量系列。

由此,采用 1956~2014 年各站同步系列资料,以水资源分区为单元,根据《水资源评价导则》(SL/T 238—1999)、《全国水资源综合规划技术细则》的规定,分别计算入境水资源量(入境水资源量是指从境外进入到禹州市境内的水资源量)、地表水自产水资源量和出境水资源量(出境水资源量是指流出禹州市行政界的天然河川径流量),再进行频率计算,推算出各水资源分区不同频率下的水资源量。特别地,禹州市入境河流主要为颍河干流,入境水量计算代表站采用白沙水文站。白沙水文站位于禹州市与郑州市交界处,故以其实测径流量作为颍河实测入境水量。同时,禹州市主要的出境河流分别为颍河干流、北汝河流域蓝河及吕梁河支流,以及石梁河等支流。根据禹州市河流水系分布和水文站布设情况,颍河干流出境水量计算代表站采用化行水文站,北汝河支流蓝河与吕梁河区域出境水量计算代表站采用大陈水文站,支流石梁河出境水量计算代表站采用黄桥水文站。

通过计算可知,禹州市多年平均入境水资源量为 9 100 万 m^3;禹州市多年平均(1956~2014 年系列)自产水资源量 12 057.4 万 m^3,折合径流深 82.2 mm,径流系数为0.124。其中颍河上游区多年平均自产水资源量为 2 881.6 万 m^3,折合径流深 82.5 mm;颍河下游区多年平均自产水资源量为 3 007.5 万 m^3,折合径流深 81.5 mm;涌泉河分区多年平均自产水资源量为 1 597.7 万 m³,折合径流深 86.4 mm;北汝河流域蓝河分区多年平均自产水资源量为 2 064.8 万 m³,折合径流深 88.9 mm;北汝河流域吕梁河分区多年平均自产水资源量为 968.0 万 m³,折合径流深 81.0 mm;石梁河分区多年平均自产水资源量为 1 537.8 万 m³,折合径流深 72.9 mm。禹州市多年平均出境水量为 11 205 万 m³,其中颍河干流出境水量最大,多年平均出境水量为 8 295 万 m³,占总出境水量的 74.0%;其次为蓝河,多年平均出境水量 1 301 万 m³,占总出境水量的 11.6%;第三为石梁河,多年平均出境水量 938 万 m³,占总出境水量的 8.4%;吕梁河出境水量最小,多年平均出境水量 672 万 m³,仅占总出境水量的 6.0%。禹州市各分区地表水资源量计算成果见表 3-13。

表 3-13　禹州市分区地表水资源量计算成果

分区			面积/ km²	多年平均		C_v	不同频率地表水资源量/万 m³			
				径流量/ 万 m³	径流深/ mm		20%	50%	75%	95%
颍河	Ⅰ	颍河上游	349.31	2 881.6	82.5	0.78	4 415	2 315	1 231	396
	Ⅱ	颍河下游	369.01	3 007.5	81.5	0.82	4 689	2 388	1 200	285
	Ⅲ	涌泉河	184.99	1 597.7	86.4	0.80	2 462	1 275	662	190
北汝河	Ⅳ	蓝河	232.39	2 064.8	88.9	0.79	3 178	1 655	870	264
	Ⅴ	吕梁河	119.50	968.0	81.0	0.81	1 474	760	392	108
清潩河	Ⅵ	石梁河	210.86	1 537.8	72.9	0.85	2 404	1 184	593	147
合计			1 466.06	12 057.4	82.2	0.80	18 617	9 646	5 016	1 447

2.禹州市河川径流特征研究

通过分析禹州市河流河川径流变化,得到如下特征。

1)径流空间分布不均

禹州市河川径流呈现西南部多于东北部的特点,从径流深等值线图可以看出,北汝河流域蓝河区地表水资源量折合径流深最大,颍河流域涌泉河分区次之,清潩河流域石梁河分区最小。颍河干流,多年平均径流深上游山丘区大于下游平原区;清潩河流域石梁河分区由于多年平均降水量偏少,产生的地表水资源量折算径流深相应较小。

地表水资源总量,颍河下游区最大,多年平均径流量为 3 007 万 m³;颍河上游区次之,多年平均径流量为 2 882 万 m³,北汝河流域吕梁河区最小,仅有 968 万 m³。禹州市径流深等值线图见图 3-7。

2)径流年际变化大

根据 1956~2014 年径流系列成果分析,禹州市地表水资源量最大值出现在 1964 年,为 52 931 万 m³;最小值出现在 1960 年,仅为 2 148 万 m³,丰枯比达 24.7 倍。按水资源分区统计,颍河流域石梁河分区丰枯倍比最大,为 27.1;北汝河流域吕梁河分区最小,为 22.0。丰枯倍比分流域呈现出同步的特点,各流域基本上最大值出现在 1964 年,最小值出现在 1960 年和 1961 年。禹州市地表水资源量的丰枯年际变化特征详见表 3-14,年径流量变化趋势见图 3-8。

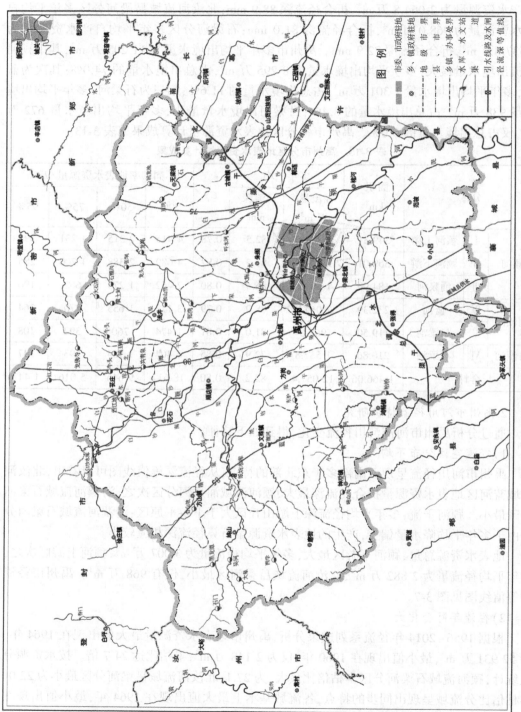

图3-7 禹州市径流深等值线图

表 3-14　禹州市地表水资源量极值对比结果

分区			分区面积/km²	地表水资源量/万 m³					
				多年均值	最大值		最小值		最大值与最小值倍比
					年水量	出现年份	年水量	出现年份	
颍河	I	颍河上游	349.31	2 882	12 060	1964	466	1960	25.9
	II	颍河下游	369.01	3 007	13 341	1964	557	1960	24.0
	III	涌泉河	184.99	1 598	7 014	1964	263	1960	26.7
北汝河	IV	蓝河	232.39	2 065	9 168	1964	367	1960	25.0
	V	吕梁河	119.50	968	4 136	1964	188	1960	22.0
清潩河	VI	石梁河	210.86	1 538	7 212	1964	266	1961	27.1
合计			1 466.06	12 058	52 931	1964	2 148	1960	24.7

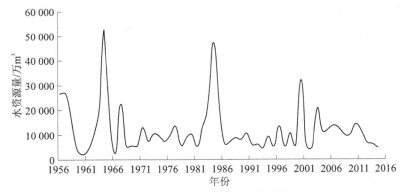

图 3-8　禹州市河川径流变化趋势

3) 径流年内分配不均

1956~2014 年 59 年径流系列, 禹州市多年平均河川径流量为 12 057.4 万 m³, 其中汛期(7~10 月)径流量为 7 558.4 万 m³, 占年径流量的 62.7%; 非汛期(11 月至次年 6 月)径流量为 4 499.0 万 m³, 占年径流量的 37.3%。年内径流量最大值出现在 7 月, 最小值出现在 3 月, 最大值是最小值的 7 倍左右。禹州市河川径流量年内分配见图 3-9。

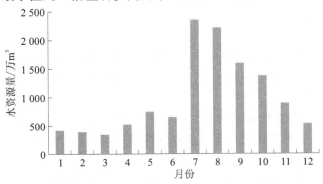

图 3-9　禹州市河川径流量年内分配特征

3.2.3.2 地下水资源量评价

1. 地下水类型区划分

根据禹州市境内地层岩性及地形地貌,将禹州市地下水分为四种类型,分别为松散岩类孔隙水、碎屑岩类裂隙孔隙水、碳酸盐岩裂隙岩溶水和基岩裂隙水等。

1) 松散岩类孔隙水

主要为第四系砂层和砂砾石层,含水层厚度及富水性变化较大。其中:强富水区主要分布于白沙—花石—顺店—龙沟—任坡的颍河冲积平原,以及坡街—郭楼一带颍河故道一带,地下水埋深 2~6 m;富水区主要分布于颍河冲积平原的党寨—南袁庄—绳李村—马寨,大周庄—老官营,以及蔡庄—刘庄—萱楼一带,另外还有鸿畅等处的山前洪积扇,地下水埋深 2~18 m;中等富水区主要分布于徐庄—张清庄—蜜蜂王,阁街—楚庄—化庄,孟坡—郭连—靳庄—狮子口—河西—齐庄以及杨寨—上张—焦寨一带,地下水埋深 5~15 m;弱富水区主要分布于低山丘陵的山前斜坡和岗地地区及山间洼地和沟谷中,地下水埋深 3~12 m;贫水区主要分布于张村庙—下宋—边楼—后屯一带,地下水埋深 5~11 m;极贫水区主要分布于西柳河—散架村—小韩村,下刘冲—马坟—大翼庄—周庄—岗李,文殊—方岗—杨店—万寨—张楼一带,地下水埋深 7~23 m。

2) 碎屑岩类裂隙孔隙水

主要为二叠系的中粒砂岩含水层,根据富水性不同可分为三个区段。其中:砂岩弱—中等富水地段,岩性为中细粒石英砂岩,裂隙发育,裂隙水呈带状、脉状富集,主要分布于花石西部,方山北部。在大的单斜构造前,此裂隙水具有承压性,形成自流水带,见南部石板河—山张—崔张南以及文殊西南—老君洞一带。页岩夹砂岩贫水地段,岩性为页岩夹中细粒石英砂岩,裂隙发育,其间有脉状裂隙水,多具有承压性,分布于磨街、神垕,文殊西部等基岩山区。页岩夹砂岩极贫水地段,岩性为页岩夹粉细粒砂岩,地下水贫乏,分布于磨街、神垕,文殊西部等大部分基岩山区。

3) 碳酸盐岩裂隙岩溶水

主要为灰岩含水层,根据含水岩组不同可分为两个区段。其中:寒武系碳酸盐类岩溶含水层主要分布于苌庄—蔡寺以北山麓地带,方山—鸠山以西地区,文殊西—磨街一带,岩性为白云质灰岩、大理岩,岩溶发育受断裂构造控制,该含水层组岩溶发育程度和富水程度差异比较大,一般由浅部向深部逐渐减弱,浅部为潜水向深部转化为承压水;奥陶系碳酸盐类岩溶含水层为贾旺组石灰岩,主要分布在方山王家庄背斜以北及苌庄至浅井一线,其余地区缺失,岩溶裂隙发育,含水性弱到中等。

4) 基岩裂隙水

主要为下元古界五指岭组三段的绢云母片岩、绢云母石英片岩组成的含水层。风化裂隙发育,浅部风化壳埋藏有裂隙水,分布在西部、北部的基岩山区。

2. 地下水资源量

地下水资源评价的对象主要是与大气降水和地表水体有直接水力联系的浅层地下水,重点是评价多年平均矿化度小于 2 g/L 的淡水资源,评价系列采用 1980~2014 年 35 年系列。

根据《全国水资源调查和评价技术细则》,结合区域地形地貌特征、含水层岩性以及开采条件等因素,考虑禹州市地下水开发利用的实际需要,本次评价划分为山丘区和平原区两个地下水资源量评价类型分区,其中平原区评价面积 34 km²,山丘区评价面积1 432 km²。

1)山丘区地下水资源量

根据《地下水资源量及可开采量补充细则》,山丘区地下水资源采用总排泄量法评价,地下水总排泄量即为山丘区地下水资源量,排泄量包括河川基流量、山前侧向径流量、地下水开采净消耗量。计算采用水均衡法,计算方程式为

$$W_1 = W_2 + W_3 + W_4 + W_5 \qquad (3\text{-}3)$$

式中:W_1 为总排泄量,万 m³;W_2 为河川基流量,万 m³;W_3 为山前侧向径流量,万 m³;W_4 为开采净耗量,万 m³;W_5 为地下水开采净消耗量,万 m³。

经分析计算,禹州市山丘区地下水资源量为 13 941 万 m³,各分区山丘区地下水资源量评价成果详见表 3-15。

表 3-15　禹州市山丘区地下水资源量评价结果

分区			山丘区面积/km²	河川基流量/万 m³	开采净消耗量/万 m³	侧向流出量/万 m³	地下水资源量/万 m³
颍河	Ⅰ	颍河上游	349.31	1 730	794		2 525
	Ⅱ	颍河下游	335.01	1 609	2 282	120	4 011
	Ⅲ	涌泉河	184.99	953	388		1 341
北汝河	Ⅳ	蓝河	232.39	1 175	607		1 782
	Ⅴ	吕梁河	119.50	599	755		1 354
清潩河	Ⅵ	石梁河	210.86	997	1 931		2 928
合计			1 432.06	7 063	6 757	120	13 941

2)平原区地下水资源量

禹州平原区地下水资源主要分布在颍河下游平原区。平原区地下水资源量是指地下水中参与水循环且可以更新的动态水量(不包括井灌回归量),采用补给量法计算,即总补给量减去井灌回归补给量。禹州市平原区地下水补给量包括降水入渗补给量、地表水体补给量、山前侧向补给量及井灌回归补给量。根据《全国水资源综合规划技术细则》的有关规定,以 1980 年以来平均地下水资源量作为近期下垫面条件下的多年平均地下水资源量。

经分析计算,禹州市平原区多年平均地下水总补给量为 481 万 m³。其中:降水入渗补给量为 324 万 m³,占总补给量的 67.4%;山前侧向补给量为 120 万 m³,占总补给量的24.9%;井灌回归补给量为 37 万 m³,占总补给量的 7.7%。根据调查,禹州市地表水体补给量非常小可忽略不计。

总补给量 481 万 m³ 减去井灌回归补给量 37 万 m³,禹州市水资源地下水资源量为444 万 m³。

3)地下水资源总量

在山丘区和平原区地下水资源量评价的基础上,扣除二者之间的重复量,计算得禹州

市的地下水资源量为 14 265 万 m³,其中山丘区地下水资源量为 13 941 万 m³,平原区地下水资源量为 444 万 m³,重复计算量为 120 万 m³。禹州市各水资源分区地下水资源量评价成果详见表 3-16。

表 3-16　禹州市分区多年平均(1980~2014 年)地下水资源量评价结果

分区			总面积/ km²	山丘区地下 水资源量/ 万 m³	平原区地下 水资源量/ 万 m³	平原区与山丘区 地下水重复量/ 万 m³	分区地下水 资源量/ 万 m³
颍河	Ⅰ	颍河上游	349.31	2 525			2 525
	Ⅱ	颍河下游	369.01	4 011	444	120	4 335
	Ⅲ	涌泉河	184.99	1 341			1 341
北汝河	Ⅳ	蓝河	232.39	1 782			1 782
	Ⅴ	吕梁河	119.50	1 354			1 354
清潩河	Ⅵ	石梁河	210.86	2 928			2 928
合计			1 466.06	13 941	444	120	14 265

3.2.3.3　水资源总量评价

根据前述禹州市地表水资源量、地下水资源量的评价成果,禹州市多年平均天然入境水资源量为 11 194 万 m³,自产水资源量为 12 057.4 万 m³,地下水资源量为 14 265 万 m³。

根据《全国水资源综合规划技术细则》,区域内的水资源总量是指当地降水形成的地表和地下产水量,即地表径流量与降水入渗补给量之和。采用下式计算:

$$W = R_s + P_r = R + P_r - R_g \qquad (3\text{-}4)$$

式中:W 为水资源总量,万 m³;R_s 为地表径流量(河川径流量与河川基流量的差值),万 m³;P_r 为降水入渗补给量,万 m³;R 为河川径流量(地表水资源量),万 m³;R_g 为河川基流量(平原区为降水入渗补给量形成的河道排泄量),万 m³。

根据水量平衡公式,水资源总量由两部分组成,第一部分为河川径流量,即地表水资源量;第二部分为降雨入渗补给地下水而未通过河川基流排泄的水量,即地下水资源量中与地表水资源量之间的不重复计算量。

禹州市 1956~2014 年 59 年系列多年平均水资源总量为 19 224 万 m³,50%保证率情况下水资源总量为 18 055 万 m³,75%保证率情况下水资源总量为 13 891 万 m³,95%保证率情况下水资源总量为 9 581 万 m³,禹州市各分区水资源总量成果见表 3-17。

表 3-17　禹州市多年平均水资源总量评价成果

分区			面积/ km²	降水量/ mm	地表水资源量/ 万 m³	地下水资源量/ 万 m³	不重复量/ 万 m³	水资源总量/ 万 m³
颍河	Ⅰ	颍河上游	349.31	664.3	2 882	2 525	797	3 679
	Ⅱ	颍河下游	369.01	647.1	3 007	4 335	2 694	5 701
	Ⅲ	涌泉河	184.99	692.6	1 598	1 341	392	1 990

续表3-17

分区			面积/ km²	降水量/ mm	地表水资源量/ 万 m³	地下水资源量/ 万 m³	不重复量/ 万 m³	水资源总量/ 万 m³
北汝河	Ⅳ	蓝河	232.39	684.7	2 065	1 782	608	2 673
	Ⅴ	吕梁河	119.50	675.6	968	1 354	743	1 711
清潩河	Ⅵ	石梁河	210.86	645.2	1 538	2 928	1 932	3 470
合计			1 466.06	665.0	12 058	14 265	7 166	19 224

3.2.4 水资源可利用量评价

3.2.4.1 地表水资源可利用量评价

地表水资源可利用量是指在可预见的时期内,在统筹考虑河道内生态环境和其他用水的基础上,通过经济合理、技术可行的措施,可供河道外生活、生产、生态用水的一次性最大水量,不包括回归水的重复利用量。影响地表水资源可利用量评价的因素主要包括经济能力、技术水平和环境容许保护目标。地表水资源可利用量估算采用以下公式:

$$W_{地表水可利用量} = W_{地表水资源量} - W_{河道内环境需水量} - W_{洪水弃水} \qquad (3-5)$$

式中:$W_{地表水资源量}$ 为分区地表水资源量,万 m³;$W_{河道内环境需水量}$ 为维持河道基本生态和满足河道内环境功能和社会经济用水所需的最小水量,包括防止河道断流、保持水体自净能力、水生态保护、汛期输沙、保护湖泊湿地和河口生态、水力发电等所需的最小水量,万 m³;$W_{洪水弃水}$ 为汛期难以控制利用的洪水量,万 m³,主要包括超出工程最大调蓄能力和供水能力的洪水量,在可预见时期内受工程条件影响不可能被利用的水量,以及在可预见的时期内超出最大用水需求的水量。

针对禹州市河流的具体情况,河道内最小生态环境需水量采用多年平均天然径流百分数法计算。除颍河外,禹州市境内河流集水面积均较小,径流季节性强,河道内最小生态环境用水量按多年平均天然年径流量的10%计算。根据禹州市境内河流水文特性分析,确定汛期为7~9月,汛期不可能被利用的洪水量计算采用下游化行水文站长系列天然径流量资料,逐年计算汛期难以控制的下泄洪水量,由此计算多年平均情况下汛期不能被利用的洪水量。由此,禹州市各分区地表水资源可利用量结果可见表3-18。结果显示,禹州市多年平均地表水资源可利用量5 108万 m³,可利用率为42.3%。

表3-18 禹州市各分区多年平均地表水可利用量评价结果

分区			面积/ km²	天然径流量/ 万 m³	地表水可利用量/ 万 m³	地表水可利用率/ %
颍河	Ⅰ	颍河上游	349.31	2 881.6	1 217	42.2
	Ⅱ	颍河下游	369.01	3 007.5	1 246	41.4
	Ⅲ	涌泉河	184.99	1 597.7	745	46.6

分区			面积/ km²	天然径流量/ 万 m³	地表水可利用量/ 万 m³	地表水可利用率/ %
北汝河	Ⅳ	蓝河	232.39	2 064.8	910	44.1
	Ⅴ	吕梁河	119.50	968.0	365	37.7
清潩河	Ⅵ	石梁河	210.86	1 537.8	625	40.6
合计			1 466.06	12 057.4	5 108	42.3

3.2.4.2 地下水可开采量评价

地下水可开采量是指在可预见的时期内,通过经济合理、技术可行的措施,在不引起生态环境恶化条件下允许从含水层中获取的最大水量。

根据禹州市各分区的水文地质条件、社会经济状况,以及地下水开发利用程度,山丘区地下水可开采量按对 1990~2011 年实际开采量调查的基础上,以水位动态相对稳定时段的年均开采量作为可开采量;平原区采用可开采系数法进行估算。通过对禹州市各分区水文地质条件的调查,依据地下水总补给量、地下水位观测、实际开采量等系列资料分析,综合确定禹州市平原区地下水可开采系数为 0.85。

表 3-19 显示,禹州市多年平均地下水可开采量为 6 783 万 m³,其中平原区多年平均地下水可开采量为 409 万 m³,山丘区多年平均地下水可开采量为 6 374 万 m³。

表 3-19 禹州市多年平均地下水资源可开采量评价结果

分区			面积/ km²	地下水资源量/ 万 m³	多年平均地下水可开采量/万 m³			地下水可开采模数/(万 m³/km²)
					山丘区	平原区	小计	
颍河	Ⅰ	颍河上游	349.31	2 525	815		815	2.3
	Ⅱ	颍河下游	369.01	4 335	2 555	409	2 964	8.0
	Ⅲ	涌泉河	184.99	1 341	357		357	1.9
北汝河	Ⅳ	蓝河	232.39	1 782	604		604	2.6
	Ⅴ	吕梁河	119.50	1 354	695		695	5.8
清潩河	Ⅵ	石梁河	210.86	2 928	1 348		1 348	6.4
合计			1 466.06	14 265	6 374	409	6 783	4.6

3.2.4.3 水资源可利用总量评价

水资源可利用总量计算采用地表水资源可利用量与浅层地下水资源可开采量之和再扣除两者之间的重复计算量。两者之间的重复计算量主要是平原区浅层地下水的渠系渗漏和田间入渗补给量的再利用部分。计算公式如下:

$$W_{可利用总量} = W_{地表水可利用量} + W_{地下水可开采量} - W_{重复量} \tag{3-6}$$

$$W_{重复量} = \rho(W_{渠道渗} + W_{田间渗}) \tag{3-7}$$

式中：$W_{重复量}$为地下水可开采量与地表水可利用量的重复计算水量；ρ为可开采系数，为地下水资源可开采量与地下水资源量的比值；$W_{渠道渗}$为地下水资源量中渠灌渠系水入渗补给量；$W_{田间渗}$为地表水灌溉田间水入渗补给水量。

因禹州市颍河下游平原区面积很小（仅 34 km²），地表水几乎不灌溉，平原区地表水灌溉回渗量可以忽略不计，即地表水资源可利用量与浅层地下水资源可开采量两者之间重复计算量近似为 0，故禹州市水资源可利用总量等于地表水资源可利用量与浅层地下水资源可开采量之和。

表 3-20 显示，禹州市水资源可利用总量多年平均为 11 891 万 m³。

表 3-20　禹州市多年平均水资源可利用量评价结果

分区		面积/km²	地表水可利用量/万 m³	地下水可开采量/万 m³	合计/万 m³
颍河	Ⅰ 颍河上游	349.31	1 217	815	2 032
	Ⅱ 颍河下游	369.01	1 246	2 964	4 210
	Ⅲ 涌泉河	184.99	745	357	1 102
北汝河	Ⅳ 蓝河	232.39	910	604	1 514
	Ⅴ 吕梁河	119.50	365	695	1 060
清潩河	Ⅵ 石梁河	210.86	625	1 348	1 973
合计		1 466.06	5 108	6 783	11 891

3.2.5　水资源质量评价

3.2.5.1　地表水资源质量评价

1.河流水质现状分析

根据《地表水环境质量标准》（GB 3838—2002），对禹州市的 8 条主要河流 228.2 km 水资源质量进行评价。

全年期评价结果显示：水质达到或优于Ⅲ类标准的河长 165.9 km，占总评价河长的 72.7%；水质达到Ⅳ类标准的河长为 62.3 km，占总评价河长的 27.3%。

汛期综合评价：全市水质达到或优于Ⅲ类标准的河长 156.8 km，占总评价河长的 68.7%；Ⅳ类水河长 71.4 km，占总评价河长的 31.3%。

非汛期综合评价：非汛期间，除颍河外，其他河流断流，仅以各河流上的中小型水库为代表参与评价。水库水质为Ⅱ类水的河长 3.8 km，占总评价河长的 4.5%；水质为Ⅲ类水的河长 79.3 km，占总评价河长的 92.5%；Ⅳ类水河长 2.6 km，占总评价河长的 3.0%。评价结果详见表 3-21。

表 3-21　禹州市主要河流水质现状评价结果

时段	河流	禹州市境内评价河长/km	水质类别比例/%			
			Ⅱ类	Ⅲ类	Ⅳ类	Ⅴ类
全年	颍河干流	59.5		100.0		
	涌泉河	36.4	100.0			
	潘家河	16.5		100.0		
	蓝河	32.0		100.0		
	吕梁河	15.4			100.0	
	石梁河	23.6				
	下宋河	21.5		100.0		
	龙潭河	23.3			100.0	
	合计	228.2	16.0	56.7	27.3	
汛期	颍河干流	59.5		84.7		
	涌泉河	36.4	100.0			
	潘家河	16.5		100.0		
	蓝河	32.0		100.0		
	吕梁河	15.4			100.0	
	石梁河	23.6				
	下宋河	21.5		100.0		
	龙潭河	23.3			100.0	
	合计	228.2	16.0	52.8	31.2	
非汛期	颍河干流	59.5		100.0		
	涌泉河	3.8	100.0			
	潘家河	16.5		100.0		
	蓝河	2.2		100.0		
	吕梁河	0			100.0	
	石梁河	1.1				
	下宋河	1.1		100.0		
	龙潭河	1.5			100.0	
	合计	85.7	4.5	92.5	3.0	

水质超标河流评价结果(见表 3-22)显示,除吕梁河、石梁河、龙潭河水质达不到地表水Ⅲ类水质标准外,其余河流水质较好,均能达到或优于Ⅲ类水质标准。

表 3-22 禹州市河流水质评价超标河长分析结果

河流	流域面积/km²	本市境内评价河长/km	超标河长/km	超标河长占比/%
颍河干流	910	59.5	0	0
涌泉河	188.7	36.4	0	0
潘家河	83.4	16.5	0	0
蓝河	148	32.0	0	0
吕梁河	153	15.4	15.4	100
石梁河	167	23.6	23.6	100
下宋河	69.7	21.5	0	0
龙潭河	77.6	23.3	23.3	100
合计	1 797.4	228.2	62.3	27.3

2.水功能区水质分析

根据《河南省水功能区划》,禹州市的主要河流中,共划分为水功能一级区 1 个,在一级水功能区开发利用区的基础上,划分二级水功能区 4 个,其中农业用水区、饮用水源区、排污控制区、过渡区各 1 个,区划河长 66.1 km。禹州市地表水功能区划见表 3-23 和图 3-10。

表 3-23 禹州市一、二级水功能区划结果

序号	一级功能区名称	二级功能区名称	水资源分区	河流	河段	起始断面	终止断面	水质代表断面	长度/km	区划依据
1	颍河许昌开发利用区	颍河禹州农业用水区	王蚌区间北岸	颍河	禹州	河南禹州市白沙水库大坝	河南禹州市后屯	后屯	28.5	农灌
2		颍河禹州饮用水源区	王蚌区间北岸	颍河	禹州	河南禹州市后屯	河南禹州市橡胶坝	橡胶坝	4.5	饮用、景观、工业用水
3		颍河禹州排污控制区	王蚌区间北岸	颍河	禹州	河南禹州市橡胶坝	河南禹州市褚河公路桥	褚河公路桥	9.1	禹州排污
4		颍河禹州襄城过渡区	王蚌区间北岸	颍河	禹州	河南禹州市褚河公路桥	河南襄城县颍阳镇公路桥	颍阳镇公路桥	24.0	过渡

依据《地表水环境质量标准》(GB 3838—2002)水质目标进行水质评价。评价基本项目为包括水温、总硬度、溶解氧、高锰酸盐指数、化学需氧量、氨氮、挥发酚、砷、总磷、pH、五日生化需氧量、氟化物、氰化物、汞、铜、铅、锌、铬、六价铬、氯化物、硫酸盐氮等。

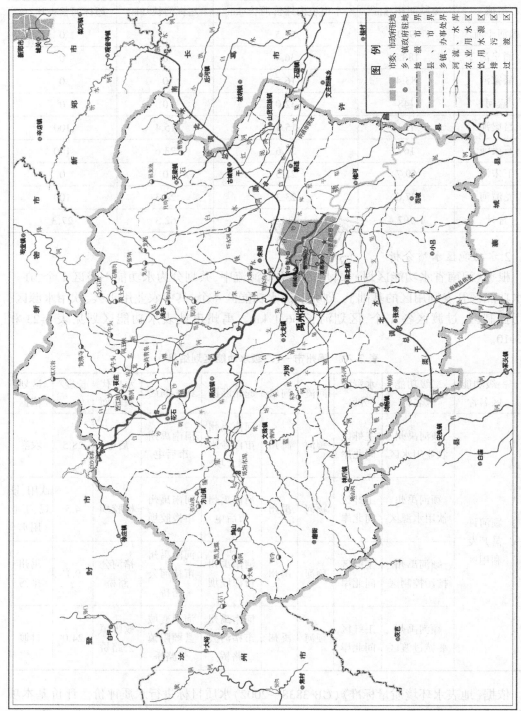

图3-10　禹州市地表水功能区划图

2014 年,禹州市共评价重点水功能区 3 个(排污控制区不参加达标评价)。评价采用全因子评价,达标水功能区 2 个,达标率为 67%;评价河长 46.6 km,达标河长 42.1 km,河长达标率 90.3%。评价结果详见表 3-24。

表 3-24 禹州市水功能区水质评价结果

水功能区		断面名称	代表河长/km	现状水质	目标水质	是否达标
一级	二级					
颍河许昌开发利用区	颍河禹州农业用水区	后屯	28.5	III	III	是
	颍河禹州饮用水源区	橡胶坝	4.5	III	II	否
	颍河禹州排污控制区	褚河公路桥	9.1	IV		
	颍河禹州襄城过渡区	颍阳镇公路桥	13.6	IV	IV	是

此外,禹州市重要河流湖泊水功能区达标评价结果见表 3-25。

表 3-25 禹州市重要河流湖泊水功能区达标评价结果

行政区	水功能区个数	现状达标情况		2025 年达标目标		2030 年达标目标	
		达标个数	达标率	达标个数	达标率	达标个数	达标率
禹州市	3	2	67%	3	100%	3	100%

3.水库水质评价

禹州市现有白沙和纸坊两个大中型水库,通过评价可知,水库水质总体较好,均能达到 II 类水质标准,全年、汛期、非汛期三个水情期富营养化水平均为轻度富营养,见表 3-26。

表 3-26 禹州市主要水库水质评价结果

水库名称	库容/亿 m³	全年		汛期		非汛期		富营养评价	
		水质类别	主要污染项目	水质类别	主要污染项目	水质类别	主要污染项目	评价分值	营养化程度
白沙水库	2.95	II		II		II		48.6	轻度富营养
纸坊水库	0.44	II		II		II		45.2	轻度富营养

3.2.5.2 地下水资源质量评价

本次研究中,地下水水质评价对象为浅层地下水(矿化度小于或等于 2 g/L),主要包括地下水水化学特征分析、地下水水质现状评价等方面内容。

1.地下水水化学特征分析

禹州市地下水水质受地质单元和含水岩性影响较大,因此选择 23 眼具有代表性的监测井进行地下水水化学评价。其中,颍河流域、清潩河流域矿化度小于 0.55 g/L 的监测井占 90% 以上;境内北汝河流域矿化度为 0.35~0.45 g/L 的监测井占一半以上。

2.地下水水质现状评价

禹州市全市共调查 23 处地下水监测井,有 14 眼井水质达到Ⅲ类水以上,7 眼井为Ⅳ类水质,2 眼井为Ⅴ类水质。地下水水质超标的项目主要有氨氮、总硬度、硫酸盐。其中氨氮超标大多是人类活动的影响所造成的,总硬度、硫酸盐等天然化学成分含量超标主要是受地质环境的影响。

在评价的 6 个分区中,蓝河区地下水水质最差,劣质水井占到 75.0%;其次是颍河干流涌泉河汇入点以上,占 50.0%;颍河干流涌泉河汇入点以下占 42.9%;涌泉河区和吕梁河地下水水质稍好,劣质水井占 50.0%;白水河、石梁河水质较好,劣质水井占 25.0%。

3.2.5.3　水源地水质评价

饮水水质的好坏直接关系到居民的身体健康。供水水源地水质评价的重断面是集中式饮用水水源地,包括水功能区所确定的保护区中的集中供水水源区和开发利用区中的饮用水源区,以及 20 万人口以上城市的日供水量在 5 万 t 以上的饮用水水源地等。

此次进行水质评价的供水水源地主要为颍河禹州橡胶坝,禹州橡胶坝是以颍河水为主要供水水源。采用《地表水环境质量标准》(GB 3838—2002)对禹州橡胶坝饮用水水源地进行了水质评价。评价结果表明:禹州橡胶坝供水水源地水质类别为Ⅲ类,按照水功能区水质目标评价为不达标(见表 3-27)。

表 3-27　禹州市饮用水水源地水质评价结果

水源地名称	受水城市	水质类别	达标情况	主要超标项目(超标倍数)
禹州橡胶坝	禹州市	Ⅲ	否	$COD_{Cr}(0.1)$、$BOD_5(0.3)$

3.2.5.4　水功能区污染评价

研究发现,禹州市现有 4 个排污口,其中石梁河 2 个、颍河 1 个、小泥河 1 个。按污水来源分,工业企业排污口 3 个,生活排污口 1 个(详见表 3-28)。

表 3-28　禹州市基准年入河湖排污口调查　　　　　　单位:个

行政区	规模以上入河排污口数量							
	合计	按排入水域分		按污水来源分				
		河流	水库	污水处理厂	工业企业	市政直排	生活直排	畜禽规模化养殖排放	其他
禹州市	4	4			3		1		

通过计算可知,2014 年禹州市废污水排放量为 3 588.8 万 t,主要污染物 COD、氨氮排放量分别为 10 270.9 t、1 120.6 t,其中颍河下游区 COD、氨氮排放量分别为 5 572.5 t、599.2 t;禹州市废污水入河量为 1 433.6 万 t,全市主要污染物 COD、氨氮入河量分别为 598.1 t、59.8 t。结果详见表 3-29。

表 3-29　禹州市污染物排放量及入河量计算结果

分区		废污水						污染物			
		排放量/(万 t/a)			入河量/(万 t/a)			排放量/(t/a)		入河量/(t/a)	
		生活	工业	合计	生活	工业	合计	COD	氨氮	COD	氨氮
颍河	颍河上游	159.3	377.9	537.2	121.9	289.1	410.9	1 361.1	155.0	181.1	18.1
	颍河下游	1 025.0	838.8	1 863.8	62.7	51.3	114.1	5 572.5	599.2	44.5	4.4
	涌泉河	46.7	120.9	167.6	35.7	92.5	128.2	419.3	48.0	57.0	5.7
北汝河	蓝河	263.0	283.0	546.0	201.2	216.5	417.7	1 565.4	170.7	168.6	16.9
	吕梁河	115.2	47.8	163.0	88.1	36.6	124.7	533.4	55.7	44.7	4.5
清潩河	石梁河	109.4	201.7	311.2	83.7	154.3	238.0	819.3	92.0	102.3	10.2
合计		1 718.6	1 870.1	3 588.8	593.3	840.3	1 433.6	10 270.9	1 120.6	598.1	59.8

同时,本书选择 COD 和氨氮作为评价指标,通过河流一维水质模型对禹州市水功能区纳污能力进行评价,其中禹州市境内水功能区均为开发利用区,结合水质目标确定颍河干流河段纳污能力;结合下游汇入河段水质目标确定涌泉河、蓝河、吕梁河及石梁河纳污能力。结果显示,2014 年禹州市境内河流 COD 和氨氮纳污能力分别为 1 576.6 t/a、65.0 t/a(见表 3-30)。

表 3-30　禹州市纳污能力计算结果

序号	水资源分区		COD/(t/a)	氨氮/(t/a)
1	颍河	颍河上游	89.3	4.5
2		颍河下游	933.2	37.0
3		涌泉河	136.8	6.5
4	北汝河	蓝河	149.3	5.8
5		吕梁河	87.0	4.1
6	清潩河	石梁河	181.0	7.1
合计			1 576.6	65.0

3.3　水资源开发利用现状研究

3.3.1　水利工程现状分析

禹州市水资源开发历史悠久,尤其是中华人民共和国成立以来,为满足经济社会发展需要,禹州进行了较大规模的水利工程建设,20 世纪 50 年代就建成了白沙、纸坊等大中型水库。

截至 2014 年,禹州市共建成大、中、小型水库 35 座,总库容 3.74 亿 m³,塘坝及窑池 8 419 座。建成橡胶坝 3 座,分别为颍河上的第一橡胶坝、第二橡胶坝、第三橡胶坝,其中第一橡胶坝拦水高度 8 m,设计库容 350 万 m³;第二橡胶坝拦水高度 7 m,设计库容 300 万 m³;第三橡胶坝拦水高度 9.5 m,设计库容 637.5 万 m³。引水、提水工程 28 处,其中泵站 27 处,引水工程 1 处,设计年引水能力 5 168 万 m³。机电井 120 164 眼,其中规模以上机电井 8 475 眼,规模以下机电井 111 689 眼;总灌溉面积 59.9 万亩,其中节水灌溉面积 32.2 万亩,包括喷微灌面积 2.1 万亩,低压管道灌溉面积 12.8 万亩,渠灌面积 17.3 万亩,建成 30 万亩以上的大型灌区 1 处。水资源的开发利用为禹州市经济社会发展做出了重要贡献。

3.3.1.1 地表水供水工程

1.蓄水工程

截至 2014 年,禹州市共建成大、中、小型水库 35 座,总库容 3.74 亿 m³,其中大型水库 1 座,为白沙水库。中型水库 1 座,为纸坊水库。小型水库 33 座,其中小Ⅰ型水库 12 座,总库容 2 932 万 m³,兴利库容 1 318 万 m³,防洪库容 1 614 万 m³;小Ⅱ型水库 21 座,总库容 567 万 m³,兴利库容 341 万 m³,防洪库容 192 万 m³。建成塘坝 157 座,容积 111 万 m³。

1)白沙水库

白沙水库位于淮河流域沙颍河上游,坝址坐落于河南省禹州市、登封市交界处。坝址控制流域面积 985 km²,占颍河全流域面积的 13.6%,多年平均径流量 1.08 亿 m³。白沙水库是以防洪为主,兼顾工农业供水、水产养殖、旅游等综合利用的大(2)型水利枢纽工程,水库总库容 2.95 亿 m³,兴利库容 1.15 亿 m³,调洪库容 1.84 亿 m³。

白沙水库于 1951 年 4 月开工建设,1953 年 8 月竣工。经过扩建及除险加固后,设计洪水标准为 100 年一遇,对应最大下泄流量为 1 000 m³/s;校核洪水标准为 1 000 年一遇,对应最大下泄流量为 6 630 m³/s。

2)纸坊水库

纸坊水库位于禹州市西 25 km 颍河支流涌泉河上,1958 年 4 月兴建,1959 年 10 月竣工,坝址控制流域面积 138.3 km²,是以防洪灌溉为主,结合养殖等综合利用的中型水利枢纽工程。水库总库容 4 425 万 m³,其中防洪库容 2 845 万 m³,兴利库容 1 580 万 m³。纸坊灌区 1958 年 10 月兴建,1965 年、1966 年续建配套,灌区骨干工程有 1 条干渠、2 条支渠,长 20.55 km,渠系建筑物 179 座,设计灌溉面积 5.40 万亩,有效灌溉面积 3.24 万亩,运行多年发挥了巨大的经济效益和社会效益。

3)橡胶坝库区

第一橡胶坝(北关橡胶坝)位于禹州市区前进路北段颍河干流,于 1974 年建成,设计库容 350 万 m³。第一橡胶坝库区为禹州市城区饮用水水源地,禹州市第一水厂以北关橡胶坝水库(颍河地表水)为水源,设计供水能力 5 万 m³/d,约 1 825 万 m³/a。第一橡胶坝(北关橡胶坝)与第三橡胶坝之间为颍河国家水利风景名胜区,第二、三橡胶坝水面面积

1.83 km^2,生态需水量约 4 922 万 m^3。三座橡胶坝的建成,形成环禹州市城区三级梯级靓丽水系。

2.引、提水供水工程

截至 2014 年底,禹州市共建成引、提水工程 28 处,其中:提水工程 27 处,设计年供水能力为 1 500 万 m^3;引水工程 1 处,设计年引水能力为 5 168 万 m^3。

3.3.1.2　地下水供水工程

截至 2014 年,禹州市有机电井 120 164 眼,其中规模以上机电井 8 475 眼,占机电井总数的 7.1%;规模以下机电井 111 689 眼,占机电井总数的 92.9%。

3.3.1.3　非常规水源供水工程

禹州市非常规水源主要包括再生水、矿井水、雨水等。分析可知,禹州市城区内建设有污水处理厂 3 座,处理能力 13 万 m^3/d(不含禹州市污水处理厂深度处理及中水回用工程),其中第一污水处理厂一期处理能力 3 万 m^3/d,二期处理能力 5 万 m^3/d,现状实际处理能力 2 487 万 m^3/a;禹州市污水处理厂深度处理及中水回用工程对第一污水处理厂排出的尾水进行深度处理,设计处理能力 8 万 m^3/d;第三污水处理厂一期设计处理能力 5 万 m^3/d,现状处理 158 万 m^3/a。截至 2014 年,禹州市污水处理再利用量 1 311 万 m^3,处理后的中水主要用于颍河干流河道景观补水和工业用水。

禹州市现状已建成矿井 68 座,年生产能力 788.5 万 t,现状矿井水利用量约 1 318.3 万 m^3。

禹州市窖池等集雨工程 8 262 座,现状雨水利用量约 2.6 万 m^3,主要用于缺水地区人畜饮水、零散地块的农作物灌溉,主要分布在方山、神垕、古城、无梁、鸠山和苌庄等乡(镇)。

3.3.2　供水量分析

3.3.2.1　不同水利工程供水量

经综合分析,禹州市现状各类水源工程总供水量为 15 357 万 m^3,其中地表水供水量为 5 819 万 m^3,占总供水量的 37.9%;地下水供水量为 6 885 万 m^3,占总供水量的 44.8%;非常规水源供水量为 2 653 万 m^3,占总供水量的 17.3%。不同水利工程供水量见表 3-31。

3.3.2.2　不同河流供水量

从水资源分区分析,地表水供水量中,颍河下游区占该区总供水量的比例最高,为 55.0%,其次为吕梁河、石梁河,分别占其总供水量的 22.9%、20.2%;涌泉河占该区总供水量的比例最低,为 3.5%。地下水供水量中,石梁河占该区总供水量的比例最高,为 69.4%;其次是颍河上游区、吕梁河,分别占其总供水量的 64.2%、60.4%;颍河下游区占总供水量的比例最少,为 28.5%。非常规水源供水量中,涌泉河占该区总供水量比例最高,为 45.3%;其次为蓝河,占该区总供水量的 25.1%。禹州市 2014 年不同河流供水量见图 3-11。

表 3-31　禹州市不同水利工程供水量分析结果

单位:万 m³

分区		地表供水量				地下水供水量	非常规水源供水量				总供水量
		蓄水	引水	提水	小计		再生水	矿井水	集雨工程	小计	
颍河	Ⅰ 颍河上游	215	105	17	337	1 484	0	282	8	290	2 110
	Ⅱ 颍河下游	3 032	1 482	239	4 753	2 461	1 311	124	1	1 435	8 649
	Ⅲ 涌泉河	11	6	1	18	261	0	228	3	232	511
	小计	3 258	1 593	257	5 108	4 206	1 311	634	12	1 956	11 270
北汝河	Ⅳ 蓝河	100	49	8	156	936	0	361	5	366	1 459
	Ⅴ 吕梁河	132	64	10	206	545	0	150	0	150	901
	小计	232	113	18	362	1 481	0	511	5	516	2 360
清潩河	Ⅵ 石梁河	222	109	17	348	1 198	0	174	7	181	1 727
	小计	222	109	17	348	1 198	0	174	7	181	1 727
合计		3 712	1 814	292	5 819	6 885	1 311	1 318	24	2 653	15 357

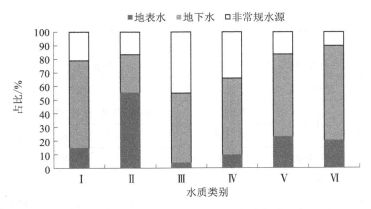

图 3-11　禹州市不同河流供水量分析结果

3.3.2.3　供水量变化分析

分析可知,2014 年禹州市总供水量为 15 357 万 m³,2015 年总供水量为 13 485 万 m³,2016 年总供水量为 14 218 万 m³,3 年间整体呈下降趋势,其中地表水供水量下降了 3 189 万 m³,地下水供水量增加了 3 374 万 m³,非常规水源供水量下降了 1 324 万 m³。禹州市不同时期供水量情况见表 3-32。

表 3-32　禹州市供水量变化分析结果　　　　　　　　单位:万 m³

年份	供水量			
	地表水	地下水	非常规水源	合计
2014	5 819	6 885	2 653	15 357
2015	4 870	6 730	1 885	13 485
2016	2 630	10 259	1 329	14 218

3.3.3　用水量分析

3.3.3.1　用水对象解析

分析禹州市现状用水情况可知,用水户主要分为生活用水、生产用水和生态环境用水三大类。其中生活用水按城镇生活用水和农村居民生活用水分别统计;生产用水包括工业生产用水、建筑业及第三产业用水、农业生产用水,工业生产用水按一般工业、火电工业用水分别统计,农业生产用水按农田灌溉和牲畜用水分别统计,生态环境用水分城镇生态用水和农村生态用水,城镇生态用水包括绿化用水、城镇河湖补水、环境卫生用水等,农村生态用水主要为环境卫生用水和绿化用水等(见表 3-33)。

表 3-33　禹州市用水户分类口径及其层次结构分析

一级	二级	三级	四级	用水户
生活	生活	城镇生活	城镇居民生活	仅为城镇居民生活用水(不包括公共用水)
		农村生活	农村居民生活	仅为农村居民生活用水(不包括牲畜用水)

一级	二级	三级	四级	用水户
生产	第一产业	种植业	水浇地	小麦、玉米、经济作物等
		林牧渔畜	牲畜	大、小牲畜
	第二产业	工业	一般工业	采掘、食品、建材、煤炭、机械、建筑业等
			火电工业	循环式、直流式
		建筑业	建筑业	建筑业
	第三产业	商饮业	商饮业	商业、饮食业
		服务业	服务业	货运邮电业、其他服务业、城市消防用水、公共服务用水及城市特殊用水
生态	河道外生态环境	城镇生态	城镇生态	绿化用水、城镇河湖补水、环境卫生用水等
		农村生态	农村生态	环境卫生、绿化用水

3.3.3.2 用水量特征

经综合分析,禹州市各行业现状总用水量为 15 357 万 m³,其中生活用水量为 2 519 万 m³(包括城镇居民用水量 1 247 万 m³,农村居民用水量 1 272 万 m³),占总用水量的 16.4%;生产用水量为 11 481 万 m³,占总用水量的 74.8%;生态环境用水量合计为 1 357 万 m³,占总用水量的 8.8%。在生产用水量中,农业用水量为 4 571 万 m³(农田灌溉用水量 3 703 万 m³,牲畜用水量 868 万 m³),占总用水量的 29.8%;工业用水量为 6 134 万 m³,占总用水量的 39.9%;建筑业及第三产业用水量为 776 万 m³,占总用水量的 5.1%。禹州市各行业用水量见表 3-34。

从用水量分布看,颍河流域用水量为 11 270 万 m³,占总用水量的 73.4%。其中,颍河下游区用水量最多,为 8 649 万 m³,占总用水量的 56.3%;涌泉河用水量最小,为 511 万 m³,占总用水量的 3.3%。北汝河流域用水量为 2 360 万 m³,占总用水量的 15.4%,其中,蓝河为 1 459 万 m³,占总用水量的 9.5%;吕梁河为 901 万 m³,占总用水量的 5.9%。清潩河流域用水量为 1 727 万 m³,占总用水量的 11.2%。

综合以上分析,禹州市现状用水以工业用水为主,用水量占各行业总用水量的 39.9%;其次是农业用水,占各行业总用水量的 29.8%;建筑业及第三产业用水量较少,占总用水量的比例为 5.1%。禹州市各行业用水结构分布见图 3-12。

3.3.3.3 用水量变化分析

分析可知,近 3 年总用水量有整体下降趋势,总用水量从 2014 年的 15 356 万 m³,下降到 2016 年的 14 218 万 m³。随着节水措施执行力度的加强,工业用水从 2014 年的 6 134 万 m³,下降到 2016 年的 6 291 万 m³;农业用水从 2014 年的 4 571 万 m³,下降到 2016 年的 3 801 万 m³。禹州市各行业不同时期用水量变化见表 3-35。

表 3-34　禹州市各行业用水量分析结果

单位：万 m³

分区			生活用水量			生产用水量								生态环境用水量	总用水量
			城镇居民	农村居民	小计	工业			建筑业及第三产业	农村生产			合计		
						非火电	火电	小计		农田灌溉	牲畜	小计			
颍河	Ⅰ	颍河上游	114	270	384	945	0	945	74	544	153	697	1 716	11	2 110
	Ⅱ	颍河下游	673	445	1 118	2 097	1 459	3 556	533	1 807	338	2 146	6 235	1 297	8 649
	Ⅲ	涌泉河	31	74	106	302	0	302	24	34	42	76	402	3	511
		小计	818	789	1 607	3 344	1 459	4 803	630	2 386	534	2 919	8 352	1 311	11 270
北汝河	Ⅳ	蓝河	230	176	406	707	0	707	80	104	139	443	1 030	23	1 459
	Ⅴ	吕梁河	118	109	227	120	0	120	17	443	82	524	661	13	901
		小计	348	285	633	827	0	827	97	546	221	767	1 691	36	2 360
清潩河	Ⅵ	石梁河	81	198	279	504	0	504	48	771	114	885	1 437	10	1 727
		小计	81	198	279	504	0	504	48	771	114	885	1 437	10	1 727
合计			1 247	1 272	2 519	4 675	1 459	6 134	776	3 703	868	4 571	11 481	1 357	15 357

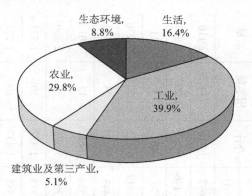

图 3-12　禹州市各行业用水结构分布

表 3-35　禹州市各行业不同时期用水量变化分析结果　　　　单位:万 m³

年份	生活	工业	建筑业及第三产业	农业	生态	总用水量
2014	2 519	6 134	776	4 571	1 357	15 356
2015	2 494	4 956	833	3 317	1 885	13 485
2016	3 121	6 291	457	3 801	548	14 218

3.3.4　耗水量分析

耗水量根据耗水系数进行估算。参照许昌市情况确定禹州市各行业综合耗水系数为 0.56,其中城镇生活耗水系数为 0.55,农村生活耗水系数为 1.00,火电耗水系数为 0.40,非火电耗水系数为 0.25,建筑业及第三产业耗水系数为 0.55,农田灌溉耗水系数为 0.80,牲畜耗水系数为 1.00,城乡生态环境耗水系数为 0.50。从图 3-13 和表 3-36 可以看出,2014 年禹州市耗水总量为 8 638 万 m³,其中生活耗水量为 1 958 万 m³,占总耗水量的 22.7%;工业耗水量为 1 752 万 m³,占总耗水量的 20.3%;农业耗水量为 3 822 万 m³,占总耗水量的 44.2%;建筑业及第三产业耗水量为 426 万 m³,占总耗水量的 4.9%;生态环境耗水量为 679 万 m³,占总耗水量的 7.9%。

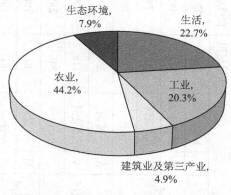

图 3-13　禹州市各行业耗水结构分布

表 3-36　禹州市各行业耗水量分析结果

单位:万 m³

分区		生活耗水量			生产耗水量									生态环境耗水量	总耗水量
					工业			建筑业及第三产业	农村生产						
		城镇居民	农村居民	小计	非火电	火电	小计		农田灌溉	牲畜	小计	合计			
颍河	I 颍河上游	63	270	333	236	0	236	40	536	153	689	966		6	1 304
	II 颍河下游	370	445	815	524	584	1 108	293	1 301	338	1 640	3 041		648	4 504
	III 涌泉河	17	74	91	76	0	76	13	25	42	67	155		1	248
	小计	450	789	1 239	836	584	1 420	347	1 862	534	2 395	4 161		656	6 056
北汝河	IV 蓝河	126	176	302	177	0	177	44	219	139	358	578		12	892
	V 吕梁河	65	109	174	30	0	30	10	319	82	401	440		6	620
	小计	191	285	476	207	0	207	54	537	221	758	1 018		18	1 513
清潩河	VI 石梁河	45	198	243	126	0	126	26	555	114	669	821		5	1 069
	小计	45	198	243	126	0	126	26	555	114	669	821		5	1 069
合计		686	1 272	1 958	1 169	584	1 752	426	2 954	868	3 822	6 001		679	8 638

3.4　问题诊断

对研究区水资源、经济社会、生态环境系统特征分析显示,禹州市本底水资源量不足,经济社会发展快速增加导致水资源供需矛盾突出,迫使生态环境水资源量被挤占,进而引起区域水资源与生态环境系统失衡和恶性演变。

根据上述分析,禹州市水资源利用存在的问题可总结为以下几方面:

(1)区域自然资源本地脆弱,人口增长过快,承载能力极其有限。

根据水资源量评价,禹州市多年平均当地水资源总量 1.92 亿 m^3,人均、耕地亩均水资源量分别为 151 m^3 和 141 m^3,未达到全国平均水平,若按禹州市用水"三条红线"指标 1.826 1 亿 m^3 计算,人均、耕地亩均水资源量更小,仅分别为 143 m^3 和 138 m^3。

据统计分析,禹州市长期农业供水不足,灌溉用水定额偏低。2014 年禹州市用水总量已经达到约 1.54 亿 m^3,今后随着禹州市国民经济的快速发展和城镇化进程的加快,对水资源的需求量会越来越大,水资源短缺、供需矛盾突出的问题将不断加剧。

(2)区域用水结构失衡,用水效率和效益偏低并存。

农业节水设施和节水技术较为落后。据统计,禹州市农田灌溉主要以渠道灌溉为主,有效灌溉面积 59.9 万亩中,高效节水面积仅 14.9 万亩,占有效灌溉面积的 24.9%。干支渠长度 622.82 km,衬砌率仅为 13%,农田灌溉水利用系数仅为 0.45 左右,低于河南省的 0.60 和全国的 0.53。同时,施肥、耕作、秸秆覆盖等农艺节水技术措施推广应用力度不够,农业节水管理工作相对薄弱,未形成综合节水模式。

农村水利工程设施存在老化失修现象,利用效率较低,影响工程能力发挥。由于投入不足,灌区工程老化,建筑物损毁严重,加之工业用水挤占农业用水,灌溉面积锐减,白沙灌区原设计灌溉面积 30 多万亩,现灌溉面积不足 10 万亩,纸坊灌区由于干渠沉陷、渠道淤积、建筑物老化失修等原因,现状灌溉面积进一步缩小。由于禹州市小水库大都属于病险水库,为保证度汛安全,要求空库运行,汛期蓄水不足,加上灌区工程老化失修,小水库灌区灌溉效益不能发挥。

截至 2014 年,全市现有水利工程中,能正常运行的不足 1/3,超过 1/3 的工程带"病"运行,1/3 的水利工程处于停运或报废状态。其中部分水库和塘坝因泥沙淤积而有效库容逐年减少,部分病险水库蓄水能力低下,不仅不能发挥正常的调蓄功能,影响工程供水能力的发挥,而且存在安全隐患,制约了禹州市经济社会的发展。

城镇供水管网漏失率偏高,节水器具普及率较低。现状禹州市城镇供水管网老化较为严重,管网漏失率高达 13% 以上,高于河南省和全国平均水平,也未达到我国城乡建设部颁布的"不高于 12%"的标准。

(3)局部地区地下水水质恶化,水位下降严重。

禹州市煤炭资源储量大,分布广,多数地方水煤资源共存,煤炭企业在开采煤炭资源时,缺乏对地表水、地下水的保护措施,煤炭开采后形成的裂隙导水带地面沉降带,造成裂缝崩塌沉陷等各种地面变形,改变了煤系含水层及地下水原有的循环运移条件以及矿区地表径流的条件,从而导致煤矿区地下水石炭系以上含水层大都已无水可取,造成矿区附近村庄群众吃水和农田灌溉用水的困难。

选取的禹州市 23 处地下水监测井,有 14 眼井水质达到Ⅲ类水以上,7 眼井为Ⅳ类水质,2 眼井为Ⅴ类水质。劣质水井(Ⅳ、Ⅴ类水)占全部水质监测井的 39.1%,表明禹州市部分区域地下水已遭到不同程度的污染。

基准年禹州市地下水实际供水量为 6 885 万 m^3,整体而言,禹州市地下水不超采,但已接近开采上限。随着禹州市经济社会的不断发展,耗水量持续增加,水资源的制约作用已经凸现。为了满足不断扩大的供水范围和持续增长的供水要求,加大了地下水的开采力度,局部地区已超过地下水可开采量,如范坡乡、小吕乡等出现浅层水一般超采区,部分乡(镇)岩溶水出现严重超采区。地下水超采,导致地下水位不断下降,造成部分井灌区机井报废。

(4)长期大规模的开发索取,形成生态恶化和危害人类的恶性循环。

城镇周边乡(镇)的生活污水、畜禽养殖废水以及乡(镇)企业污水仅经过简单处理或未经处理直接排放,致使河流污染严重。区域水环境形势不容乐观,河网水体有序流动格局尚未完全形成,水环境容量不堪重负,水功能区达标率不高,水环境压力越来越大;优质水源少,城乡供水存在安全隐患。城区污水处理厂处理能力(第一污水处理厂及第三污水处理厂)虽然达到 13 万 m^3/d,但由于老城区雨污合流管网及颍北新区、城区西部雨污管网铺设不完整的问题,城区仍存在污水散排、直排现象,且部分河沟成为生活垃圾倾倒堆积场所,大量污染物随着降雨过程污染河水,同时产生刺鼻气味,滋生蚊蝇。水污染不仅破坏了水环境,导致水质型缺水问题突出,也增加了水资源利用及调配的难度。

(5)水资源高效利用的管理机制尚未形成,难以适应现代水资源管理的需要。

目前,禹州市水资源的开发利用及其管理属于不同部门,如污水处理、污泥处置等涉水事务还不属于禹州市水利局统一管理,水资源管理的责、权、利不够明确,禹州市现行的水资源管理体制与机构不足以应对缺水和水污染的挑战。

全民节水意识不强,体现资源稀缺性的水价形成机制仍未建立,存在浪费水现象。由于现行水价构成不是全成本水价,水价偏低,不利于节水工作的开展和水资源的合理配置;水价分摊补偿机制不健全,制约了禹州市城市供水企业的可持续发展。水价严重背离成本也是造成水资源浪费现象严重的重要原因。水价偏低,丧失了节约用水的内在经济动力,阻碍了节水工程的建设和节水技术的推广使用。水资源利用方式粗放,用水效率较低,浪费仍较严重。

促进中水和煤矿矿井疏干水等水资源开发利用激励机制尚不完善。现状禹州市城镇废污水再处理利用率仍十分低,煤炭矿井水部分未得到有效利用,非常规水资源缺乏合理利用,既污染了水生态环境,又浪费了水资源,同时促进各行业节水的激励机制尚不完善。长期以来节水工作主要靠工程建设和行政推动,缺乏促进自主节水的激励机制和适应市场经济的管理体制,节水主体与节水利益之间没有挂钩,难以调动用户自主、自愿节水的积极性,致使公众参与节水的程度和节水意识受到一定影响。

第 4 章　水资源均衡配置主控变量预测

　　水资源均衡配置模型包含社会经济、生态环境与可供水量三个主控变量,本书通过解析与禹州市相关的重大发展政策与战略,对区域节水潜力进行了评价,随后基于节水优先、生态保护等要求,对禹州市经济社会发展、生态环境与多水源可供水量进行了预测分析。

4.1　预测依据解析

4.1.1　重大发展政策与战略分析

4.1.1.1　"节水优先"治水政策

　　人多水少,水资源时空分布不均、与生产力布局不相匹配,是我国长期面临的基本水情。在经济社会快速发展、全球气候变化影响加剧等多重因素下,水资源短缺、水生态损害、水环境污染等问题相互交织、更加凸显。从当前我国的实际看,通过节水,就可以有效遏制不合理的需求增长,从总量上减少水资源消耗;通过节水,就可以有效提升用水效率,遏制水资源开发强度;通过节水,就可以有效减少废污水排放,减轻对水生态、水环境的损害,从根本上解决我国面临的复杂水问题,保障水安全。该政策为禹州市建立节水型城市提出了更高的要求。

4.1.1.2　"四水同治"政策

　　要牢固树立"绿水青山就是金山银山"的理念,积极践行"节水优先、空间均衡、系统治理、两手发力"的治水思路和"水资源、水生态、水环境、水灾害"统筹治理的治水新思路,以水资源科学开发和优化配置为导向,以全面提高水安全保障能力为目标,以全面推行河湖长制和实行最严格水资源管理制度为抓手,以实施国家节水行动、创建节水型社会为载体,实施一批重点水利项目,持续巩固提升拓展水生态文明建设成果,进一步提升水资源配置、水生态修复、水环境治理、水灾害防治能力。该政策对未来水平年许昌及其所属县(市)(含禹州市)发展提出了以下要求。

　　(1)到 2025 年,节水型社会基本建立,地下水开发利用基本实现采补平衡,河流水质优良比例持续提升,河湖生态廊道体系基本建成,美丽河湖目标基本实现,河湖长制工作全面推进,全市河流、区域防洪排涝能力显著提升,城乡供水保障能力和应急抗旱能力明显增强,现代化水治理体系和治理能力显著提升,水安全保障能力进一步增强。年供水能力达到 12.46 亿 m^3,城镇供水管网基本漏损率控制在 10% 以下,农村自来水普及率达到 99.8%,高效节水灌溉面积达到 150 万亩以上,农田灌溉水有效利用系数提高到 0.71,万元 GDP 用水量降到 19.1 m^3 以下,万元工业增加值用水量降到 14.8 m^3 以下,中心城区、各县(市、区)城区污水处理率分别达到 98.5%、92%,水土流失治理度达到 86%。

（2）到2035年，全市水资源、水生态、水环境、水灾害问题得到系统解决，以河湖长制为载体的河湖管护责任全面落实，节水型社会全面建立，城乡供水得到可靠保障，水生态得到有效保护，水环境质量优良，防灾减灾救灾体系科学完备，基本形成系统完善、丰枯调剂、循环畅通、多源互补、安全高效、清水绿岸的现代水利基础设施网络，水治理体系和治理能力现代化基本实现。

4.1.1.3　"黄河流域生态保护和高质量发展"战略

国家就新形势下加强黄河治理保护，推动黄河流域高质量发展作出重要战略部署。该战略提出：要把握好黄河流域生态保护和高质量发展的原则，编制好规划、加强落实。要坚持生态优先、绿色发展，从过度干预、过度利用向自然修复、休养生息转变，坚定地走绿色、可持续的高质量发展之路。坚持量水而行、节水为重，坚决抑制不合理用水需求，推动用水方式由粗放低效向节约集约转变。坚持因地制宜、分类施策，发挥各地比较优势，宜粮则粮、宜农则农、宜工则工、宜商则商。坚持统筹谋划、协同推进，立足于全流域和生态系统的整体性，共同抓好大保护、协同推进大治理。

通过战略解析可知，禹州市应以"大保护、大治理"为核心理念，以加强区域生态环境保护，推进多水源节约集约利用、经济高质量发展，保护、传承、弘扬禹州特色文化为抓手，最终形成"清水东流、绿为底色、山水相依、人水和谐"的禹州市生态新格局。该战略在禹州市的实施主要体现在以下几个方面：

（1）坚持"两个优先"，建设造福人民的幸福河。要坚持生态优先，秉承"绿水青山就是金山银山"的理念，把保护和治理区域生态环境放在优先位置，突出生态治理与高质量发展的系统性、整体性、协同性，推动人口、城市和产业有序发展，构建禹州市生态安全格局。要坚持民生优先，把保障和改善民生作为禹州市高质量发展的出发点和落脚点，着力提升基本公共服务均等化水平，推动生态惠民、生态利民、生态为民。

（2）严守"三条红线"，强化底线思维的硬约束。严守生态保护红线就是在推动区域高质量发展过程中，严格执行生态环境保护制度和监管制度，确保各项制度落在"纸上"，更落在"地上"。严守环境质量底线就是要有"铁腕"治理禹州市生态环境问题的决心和举措，决不允许任何人越线，吃祖宗饭砸子孙碗。严守资源利用上线就是要坚持可持续发展理念，树立环境共同体意识，切实转变竭泽而渔、杀鸡取卵式的发展方式，构建生态产业体系，呵护绿水青山，做大金山银山，推动禹州市绿色发展。

（3）实施"四水同治"，形成水清安澜的新局面。要坚持区域山水林田湖草生态空间一体化保护和环境污染协同治理，实施水生态、水资源、水环境、水灾害"四水同治"，以着力解决禹州市水资源保护开发利用不平衡不充分问题为主线，加快构建水资源高效利用、水生态系统修复、水环境综合治理、水灾害科学防治等体系，推动用水方式的根本性转变，同时要实施国家节水行动，落实"河长制"，推动"河长治"。

（4）统筹"四个格局"，构建人水和谐的新优势。秉承生态优先、以水定城、以水定地、以水定人、以水定产、集约发展的原则，建立健全自然资源产权制度、联防联控机制、生态保护补偿机制，统筹禹州地区生态保护、资源开发、产业发展、城乡协调"四个格局"，推动用水方式由粗放向节约集约转变；牢固树立"一盘棋"思想，以水而定、量水而行，将禹州地区空间布局、城市建设、乡村振兴、生态保护、环境治理、沿水景观、文化传承等统筹谋划,推动区域民生、生态、经济、文化协同发展。

4.1.1.4 《郑州大都市区空间规划(2018—2035)》战略

郑州大都市区范围包括河南省的郑州、开封、新乡、焦作、许昌5座地级市。该战略提出:支持郑州建设国家中心城市,加快郑州航空港经济综合实验区、郑洛新国家自主创新示范区、河南自由贸易试验区和跨境电子商务综合试验区建设,强化物流及商贸中心、综合交通枢纽和中西部地区现代服务业中心、对外开放门户功能,全面增强国内辐射力、国内外资源整合力。推动郑州与开封、新乡、焦作、许昌四市深度融合,建设现代化大都市区,进一步深化与洛阳、平顶山、漯河、济源等城市联动发展。

通过战略解析发现,未来禹州的建设重点主要集中在建设"颍河景观生态长廊"和南水北调生态景观带,推动高速铁路与城际铁路、市域铁路与城市轨道的无缝换乘,发展特色风情旅游小镇等方面。

4.1.1.5 《郑许一体化发展规划(2019—2035)》战略

规划范围包括郑州市、许昌市全域,其中郑州市中心城区、许昌市中心城区、郑州航空港经济综合实验区、新郑市、新密市、登封市、中牟县、长葛市、鄢陵县、禹州市为一体化重点发展区域,规划期为2019~2035年。该规划提出构建"一轴双核三区"的网络空间格局:"一轴",即郑许纵向发展轴;"双核",即郑州中心城区和许昌中心城区;"三区",即依托郑许一体化主轴,突出周边区域特色,构建生态养生功能区、产业转型和都市体验功能区、生态物流融合功能区3个特色功能协同区。该规划将推动形成郑汴许"黄金三角区域",即构建以郑州航空港经济综合实验区为中心,以郑汴产业带、郑开"双创"活力走廊、开港产业带、许港产业带为支撑的郑州、开封、许昌"黄金三角区域"。

通过战略解析可知,禹州市被定位为参与"一带一路"建设区域、改革开放创新区域、枢纽经济发展集中区域、生态文明和健康养生示范区域等。可以看出,禹州市发展重点集中在交通、服务业、工业、农业、旅游等方面。

4.1.2 经济社会发展态势分析

禹州市是河南省26个城镇化重点发展县(市)和47个扩权县(市)及10个文化改革发展试验区之一。改革开放以来,禹州市经济建设成效显著。工业依托资源优势,能源、建材、机械、陶瓷、有色金属等支柱产业发展强劲,并形成产业集群,高新技术产业初具规模。在化工机械、铸造、汽车配件、发制品、建材等领域成为国内领先的地区。农业依托国家级基本农田保护区建设,农业效益和产值不断提升,畜牧业比重增大,同时形成了中药材、红薯、优质小麦生产基地。因此,通过解析与禹州市发展相关的重大战略与政策,对禹州市发展优势与发展机遇进行研究与论述。

4.1.2.1 区域发展优势

禹州历史悠久,文化厚重,是中华民族的发祥地之一,夏禹文化、钧瓷文化、中药文化源远流长。历史上,禹州市就是中国第一个奴隶制王朝——夏朝的建都地,中国"五大名瓷"之一——钧瓷的唯一产地,同时也是明清时期全国四大中药材集散地之一,素有"夏都""钧都""药都"之称。现存地面历史文化遗存2 420处,位列河南省县级市第一;拥有国家、省、市、县级文物保护单位110处,拥有国家非物质文化遗产2项、省级非物质文化遗产 8 项。1989 年被命名为河南省首批历史文化名城,2006 年、2007 年先后被命名为 "中国陶瓷文化之乡"和"中国大禹文化之乡",2008 年被列入河南省首批文化改革发展 实验区,2011 年被命名为"中国陶瓷历史文化名城",2013 年、2015 年先后荣膺"中国中原 瓷都""中国环境艺术陶瓷生产基地"等称号。

禹州资源丰富,能源充沛。境内富藏煤炭、石灰石、铝矾土、陶土等矿产资源 30 余种, 其中煤炭保有储量 16.4 亿 t,远景储量 90 亿 t,是全国重点产煤县(市)和商品煤生产基地 之一,被国务院列入全国成长类资源型城市。禹州市泥灰岩储量 45.9 亿 t,铝矾土矿蕴藏 量约 2 亿 t。

禹州市发展迅速,优势明显。现已初步形成以工业为主导、特色农业为基础、第三产 业同步发展的产业格局。禹州市工业经济实力雄厚,拥有装备制造、能源、建材、钧陶瓷等 支柱产业,其中钧陶瓷企业 630 多家,年出口额达 1 亿美元;天瑞、锦信、灵威等 5 条干法 水泥生产线年产能达 1 200 万 t。目前,形成了三大主导(能源、建材、装备制造)、五大特 色(钧陶瓷、发制品、铸造、食品和中医药)、两大战略性新兴(生物医药、新材料)产业的格 局;农业经济特色明显,形成了中药材种植加工、红薯种植加工、畜牧养殖三大产业,拥有 全国面积最大的迷迭香标准化种植基地和河南省唯一一家国家级中药材专业市场,禹州 市是全国产粮大县、粮食核心区主产县、生猪调出大县和中药材加工示范基地。禹州市第 三产业蓬勃发展,境内旅游景区 9 处(4A 级 3 处、3A 级 1 处),房地产开发、商贸流通、通 信、金融等现代化服务业繁荣,其中电信、移动、联通、金融、保险等营业规模均位居全省县 级市第一。

禹州市区位优越,交通便利,位于中原经济区核心区,北距省会郑州 80 km、距新郑国 际机场 60 km,毗邻郑州航空港经济综合实验区。东邻京广铁路和京珠高速公路,西邻焦 枝铁路,南有平禹铁路,禹登铁路贯穿西北部,禹亳铁路实现了禹州与京广、京九、京沪、焦 枝铁路大动脉的直接连通,S103、S237 两条省道与郑尧、永登两条高速公路纵横交汇、贯 穿全境,形成了四通八达的交通运输网络。

4.1.2.2　区域发展机遇

1.发展定位

根据国家战略布局,结合禹州自身优势,"十三五"时期的发展定位是:"三城四区"。 "三城"即国家"一带一路"重要节点城市、区域性中心城市、许昌市副中心城市;"四区" 即国家新型城镇化试点示范区、临港经济承接区、生态健康养生先行示范区、华夏历史文 明传承创新示范区。

1)国家"一带一路"重要节点城市

依托"三洋"铁路规划建设后,凸显禹州市向西连接欧亚大陆,向东直接出海的交通 区位优势,郑州航空港经济综合实验区日益壮大,对国家"一带一路"战略传导作用,以及 钧瓷、中医药、刺绣等古丝绸之路文化,紧抓交通、空间和文化优势,不断扩大开放。

2)区域性中心城市

充分利用综合区位交通优势,积极融入洛阳、郑州、许昌、南阳等城市群发展,着力打 造中原区域性中心城市,提升禹州对中部地区城市的影响力。

3）许昌副中心城市

充分发挥禹州市交通、文化、生态和人力资源优势,积极融入许昌"城市组团发展、向心发展,构建许昌都市区"的发展布局,着力打造许昌副中心城市。

4）国家新型城镇化试点示范区

扎实推进国家新型城镇化综合试点,努力在重点发展领域实现重大突破,为全国同类地区提供可复制、可推广的经验,着力打造国家新型城镇化试点示范区。

5）临港经济承接区

发挥毗邻郑州航空港经济综合试验区的区位优势,重点发展现代物流、绿色建材、健康养生等新兴业态,着力打造集航空公路港、能源供应基地、高端休闲养生度假为一体的临港经济承接区。

6）生态健康养生先行示范区

依托禹州市西北部生态资源,结合全国新型中药材专业市场示范区创建和美丽乡村建设,以及丰富的山水文化、都市生态农业等旅游资源,着力打造生态健康养生先行示范区。

7）华夏历史文明传承创新示范区

充分挖掘厚重的夏禹文化资源,结合河南省华夏历史文明传承创新区发展规划和河南省华夏植物群地质公园建设,进一步扩大夏禹文化品牌影响力,着力打造河南省华夏历史文明传承创新示范区。

2.发展机遇

禹州市地处中原腹地,是中原城市群和许昌组团城市中的重要节点城市,承担着国家和河南先行先试的改革发展任务,具有得天独厚的发展机遇和自身优势。

1）发展基础坚实

禹州产业门类齐全,资源丰富,特色鲜明,产业基础牢固,转型升级的空间和潜力较大,优化存量、扩充增量、提升质量的思路清晰,推进产业结构调整起步较早,并已在一些行业领域取得实效。抢抓转型机遇,优化经济结构,拓展发展空间,创新驱动发展的基础比较坚实牢固。

2）发展潜力巨大

通过改革开放和招商引资,建成了一批重大产业项目、城乡基础设施和民生改善工程,综合承载能力不断增强。人力资源充沛,区位交通优越。创新平台、融资平台、"双创"空间和服务平台逐步完善,持续发展的硬件和要件已经成熟,集聚了强大的发展动力、发展活力与发展优势。

3）发展机遇优先

禹州的新型城镇化已经上升为国家战略,争取到一批示范试点项目,率先分享国家的政策红利,率先乘坐全国发展改革的头班车,率先与发达地区、先进县市同台交流竞争,率先加速建成小康社会的步伐。不仅机遇重大、使命光荣、任务艰巨、意义深远,而且必将为禹州市带来更多、更好、更快的发展机遇。

4）发展优势突出

禹州历史文化积淀深厚,夏禹文化与华夏历史文明、古丝绸之路等历史文化高度融合、一脉相承,其中钧陶瓷、中医药、档发、刺绣等曾经沿着古代文明传播之路远走欧亚大陆。如今,伴随着"一带一路"、郑州航空港经济综合实验区等国家和区域发展战略的实施,逐步打破融入区域发展战略的障碍,为持续推动开放合作,拓展外部发展空间带来重大历史机遇,根植了坚实的后发优势。

4.2　节水评价与节水潜力分析

4.2.1　节水评价

禹州市积极开展节水型社会建设,从农牧业、工业、城镇生活等方面入手,努力推进全市节约用水工作的开展,在提高水资源利用率的同时,节约了有限的水资源。根据节水优先的新要求,从农业、工业、城镇生活三方面对禹州市节水现状进行评价。

4.2.1.1　农业

农业灌溉是禹州市用水大户,目前禹州市农业节水工程措施主要包括渠道防渗及田间配套等常规节水措施和低压管灌、喷微灌等高效节水措施。

截至 2014 年,禹州市现状有效灌溉面积为 59.9 万亩,节水面积为 32.1 万亩,节水率53.8%。其中:常规节水(渠道防渗)面积为 17.2 万亩,占节水面积的 53.7%;高效节水面积为 14.9 万亩(包括管灌面积 12.8 万亩,喷、微灌面积 2.1 万亩),占节水面积的 46.3%。禹州市现状节水灌溉面积见表 4-1。

表 4-1　禹州市现状节水灌溉面积　　　　　　　　　　　　单位:万亩

分区		有效灌溉面积	节水灌溉面积					
			常规节水面积	高效节水面积				合计
				管灌面积	喷灌面积	微灌面积	小计	
颍河	Ⅰ 颍河上游	9.4	3.3	1.4	0	0	1.4	4.7
	Ⅱ 颍河下游	26.7	8.3	2.3	0.9	0	3.2	11.5
	Ⅲ 涌泉河	0.5	0	0.1	0	0	0.1	0.1
北汝河	Ⅳ 蓝河	5.1	2.2	1.8	0.1	0	1.9	4.1
	Ⅴ 吕梁河	7.9	1.3	2.7	0.9	0	3.6	4.9
清潩河	Ⅵ 石梁河	10.3	2.1	4.5	0.2	0	4.7	6.8
合计		59.9	17.2	12.8	2.1	0	14.9	32.1

4.2.1.2　工业

分析可知,2014 年禹州市工业用水量为 6 134 万 m^3,万元工业增加值用水量为23.6 m^3,相对较高,工业用水重复利用率为 74%,相对较低,工业仍具有一定的节水潜力。

4.2.1.3　城镇生活

2014 年,禹州市城镇综合生活用水定额为 84 L/(人·d),低于河南省地方标准(2014年)《工业与城镇生活用水定额》(DB41/T 385—2014)中确定的城镇生活用水定额。禹州市目前城镇供水管网漏损率约 14%,高于《城市供水管网漏损控制及评定标准》(CJJ 92—

2002)中规定的城市供水管网基本漏损率不应大于12%的评定标准。另外,禹州市城镇节水器具普及率较低,不足30%。禹州市城镇生活供水具有一定的节水潜力。

4.2.2　节水目标分析

4.2.2.1　农业

根据国家指标要求,结合禹州市节水现状,预计到2030年,禹州市农业灌溉基本上达到节水潜力,农业节水灌溉率达到90%以上,综合灌溉水利用系数由基准年的0.45左右提高到2030年的0.70左右,灌溉定额由基准年的199 m³/亩下降到2030年的129 m³/亩以下。

4.2.2.2　工业

结合禹州市工业用水现状,规划到2025年,禹州市万元工业增加值取水量由现状的23.6 m³下降到16.4 m³,工业用水重复利用率由现状的74%提高到77%;到2030年,万元工业增加值取水量由2025年的16.4 m³下降到2030年的12 m³,工业用水重复利用率由2025年的77%提高到2030年的83%。

4.2.2.3　城镇生活

规划到2025年,禹州市城镇供水管网漏损率控制在12%左右;到2030年,城镇供水管网漏损率控制在10%左右。

4.2.3　节水措施探究

4.2.3.1　农业

1.节水途径及适宜性分析

综合分析禹州市的气候及地形特点、现状渠系工程布局及存在的主要问题,以及灌区农作物的种植结构等,适宜的节水途径主要有如下几种:

(1)进行渠系防渗和建筑物改造,提高渠系水利用效率。渠道衬砌不但可以减少输配水过程中的无效蒸发渗漏损失,而且可以提高渠道的输配水速度,缩短轮灌周期,有利于节约水量,是减少灌溉用水量的重要措施之一。

(2)高效节水灌溉。高效节水灌溉技术包括管灌、喷灌和微滴灌。与地面灌溉相比,具有节水、省力、少占耕地,以及对地形和土质适应性强、能保持水土的优点。同时可以促进灌区种植结构的调整,实现节水目标。

根据禹州市地形地貌特点和气候条件等,对城郊附近的"菜篮子工程"宜安排喷灌和微滴灌;对中药材等经济作物,宜安排膜下滴灌灌溉;在丘陵沟壑坡降较大的区域,可适当安排低压管道输水节水灌溉。

(3)田间节水。田间节水配套工程包括斗农渠建筑物配套及渠道衬砌防渗、分水口配置,管道输水灌溉。田间工程面广量大,配套建筑物可采用定型设计,推广装配式建筑物,工厂化生产,可节约资金,同时应进行量水设施的配置。

土地平整是农田基本建设的重要内容,是实现耕地田园化的一项重要措施,可达到治水改土相结合的目的。土地平整不但可省水,而且可以充分发挥土、肥、水的作用,应予以高度重视。

目前,禹州市部分灌区仍存在灌溉地块面积大,既浪费水,又降低了浇地质量。为了节约用水,今后灌区应大力推广小畦灌溉、七成(或八成)改口的灌水技术和膜上灌水技术,同时应加强用水管理和耕作节水技术。有条件的地方应通过示范区建设,在经济作物区推广高效节水灌溉。

(4)以市场为导向,积极稳妥地调整农业种植结构。从禹州市现状农业生产情况看,粮经比为 68 : 32,粮食作物比重较高。为了增加农民收入,同时为了减少需水量,缓解缺水状况,积极稳妥地调整农业种植结构也是可行的。

2.节水措施

禹州市地处伏牛山脉与豫东平原交接地带,受特殊的地理位置和自然条件等因素制约,人均灌溉面积较小,农业以中小型自流灌溉为主,灌溉水利用系数和灌溉保证率较低。未来,一方面要大力发展节水灌溉,推广节水灌溉新技术;另一方面对老灌区进行挖潜改造,降低灌水定额,提高农田灌溉供水保证率。

1)工程措施

节水工程措施是农业灌溉节水综合技术体系的核心内容,也是节水效果最为显著的技术措施。节水措施主要包括常规节水灌溉和高效节水灌溉措施,其中常规节水灌溉主要进行渠系衬砌和田间配套;高效节水灌溉主要包括低压管道输水、喷灌、微滴灌等。

基准年禹州市干、支、斗渠总长度为 622.8 km,衬砌完好率约 13.0%,其中干渠总长度为 108.5 km,衬砌完好率为 26.7%;支渠总长度为 74.2 km,衬砌完好率为 11.7%;斗渠总长度为 439.4 km,衬砌完好率为 9.8%。

基准年禹州市节水灌溉面积为 32.2 万亩,其中渠道衬砌灌溉面积 17.2 万亩,占节水灌溉面积的 53.7%;管道输水面积为 12.8 万亩,占 39.8%;喷微灌面积为 2.1 万亩,占 6.5%。节水灌溉率为 53.8%,综合灌溉水利用系数为 0.45,毛灌溉定额为 199 m³/亩。

根据节水目标,2025 年,安排新增干、支、斗渠衬砌长度 339 km,干、支、斗渠渠道衬砌率达到 67%,安排田间配套灌溉面积 17.9 万亩。规划新增干渠衬砌长度 60.0 km,衬砌率达到 82%;新增支渠衬砌长度 45.1 km,衬砌率达到 73%;新增斗渠衬砌长度 233.8 km,衬砌率达到 63%。2030 年,规划安排累计新增干、支、斗渠衬砌长度 356 km,干、支、斗渠渠道衬砌率达到 70%,安排田间配套灌溉面积 21.3 万亩。规划累计新增干渠衬砌长度 64.8 km,衬砌率达到 86%;新增支渠衬砌长度 47.7 km,衬砌率达到 76%;新增斗渠衬砌长度 243.4 km,衬砌率达到 65%。

根据节水目标,到 2030 年,新增高效节水灌溉面积 27.9 万亩,其中管灌面积 3.7 万亩、喷灌面积 17.7 万亩、微灌面积 7.1 万亩。

以上节水工程措施实施后,到 2030 年,禹州市常规节水面积达到 17.1 万亩,占总节水面积的 28.5%。高效节水灌溉面积达到 42.8 万亩,占总节水面积的 71.5%,其中低压管道灌溉面积 15.9 万亩,占总节水面积的 26.5%;喷灌面积达到 19.8 万亩,占总节水面积的 33.1%;微灌面积达到 7.1 万亩,占总节水面积的 11.9%。

未来规划的禹州市干、支、斗渠衬砌长度见表 4-2,禹州市各分区农业工程节水措施成果见表 4-3 和表 4-4。

表 4-2　不同水平年禹州市各分区干、支、斗渠衬砌长度

单位：km

分区		基准年						2025 年新增衬砌长度			2030 年新增衬砌长度		
		干渠		支渠		斗渠							
		总长度	其中村衬砌长度	总长度	其中村衬砌长度	总长度	其中村衬砌长度	干渠	支渠	斗渠	干渠	支渠	斗渠
颍河	I 颍河上游	17.2	4.6	11.7	1.4	69.2	6.8	10.2	7.5	38.3	10.2	7.5	38.3
	II 颍河下游	48.8	13.0	33.1	3.9	196.1	19.3	28.9	21.3	108.7	28.9	21.3	108.7
	III 涌泉河	0.1	0.3	0.7	0.1	3.9	0.4	0.6	0.4	2.2	0.6	0.4	2.2
北汝河	IV 蓝河	9.2	2.5	6.3	0.7	37.1	3.6	5.5	4.0	20.5	5.5	4.0	20.5
	V 吕梁河	14.4	3.8	9.7	1.1	57.8	5.7	8.5	6.3	25.7	8.5	6.3	32.0
清潩河	VI 石梁河	18.8	5.0	12.7	1.5	75.3	7.4	6.3	5.6	38.4	11.1	8.2	41.7
合计		108.5	29.2	74.2	8.7	439.4	43.2	60.0	45.1	233.8	64.8	47.7	243.4

表 4-3　禹州市各分区 2025 年农业工程节水措施　　　　　　单位：万亩

分区			有效灌溉面积	节水灌溉面积					
				常规节水	高效节水面积				合计
					管灌	喷灌	微灌	小计	
颍河	Ⅰ	颍河上游	9.4	3.1	1.4	3.3	1.6	6.3	9.4
	Ⅱ	颍河下游	26.7	9.0	5.3	9.9	2.5	17.7	26.7
	Ⅲ	涌泉河	0.5	0.1	0.2	0.1	0.1	0.4	0.5
北汝河	Ⅳ	蓝河	5.1	1.7	1.8	1.0	0.6	3.4	5.1
	Ⅴ	吕梁河	7.9	2.7	2.7	1.7	0.8	5.2	7.9
清潩河	Ⅵ	石梁河	10.3	3.3	4.5	2.0	0.5	7.0	10.3
合计			59.9	19.9	15.9	18.0	6.1	40.0	59.9

表 4-4　禹州市各分区 2030 年农业工程节水措施　　　　　　单位：万亩

分区			有效灌溉面积	节水灌溉面积					
				常规节水	高效节水面积				合计
					管灌	喷灌	微灌	小计	
颍河	Ⅰ	颍河上游	9.4	2.6	1.4	3.8	1.6	6.8	9.4
	Ⅱ	颍河下游	26.7	8.0	5.3	9.9	3.5	18.7	26.7
	Ⅲ	涌泉河	0.5	0.1	0.2	0.1	0.1	0.4	0.5
北汝河	Ⅳ	蓝河	5.1	1.4	1.8	1.3	0.6	3.7	5.1
	Ⅴ	吕梁河	7.9	2.2	2.7	2.2	0.8	5.7	7.9
清潩河	Ⅵ	石梁河	10.3	2.8	4.5	2.5	0.5	7.5	10.3
合计			59.9	17.1	15.9	19.8	7.1	42.8	59.9

2）非工程措施

节水非工程措施是保证节水工程措施实施和有效运行的基础。在搞好节水工程措施的同时，必须采取配套的非工程节水措施——农业措施和管理措施，充分发挥节水灌溉工程的节水增产效益。主要包括如下三点：

（1）大力推行耕作保墒和农田覆盖保墒技术，通过深翻改土，增施有机肥料，秸秆积肥还田、种植绿肥等措施，改善土壤结构，增大活土层，提高土壤蓄水能力，减少土壤水分蒸发。

（2）积极引进培育优良作物品种，优先推广抗旱品种，使用化学保水剂、抗旱剂及旱地龙等生物工程措施，提高作物的抗旱能力，增强土壤保墒能力。

（3）合理调整作物种植结构，改进农艺技术，实施作物充分灌溉制度，促进生物节水，提倡应用免耕直播技术，大力推广旱作农业，采用立体复合种植技术，减少灌溉次数。

4.2.3.2 工业

1.工程措施

(1)杜绝冷却水直流排放,提高间接冷却水和工艺用水的回用,提高工业用水的重复利用率,减少新鲜水的补给量。

(2)推广先进节水技术、工艺,以高新技术改造传统用水工艺,积极推广气化冷却、干式除尘等不用水或少用水先进工艺和设备,以减少取水量。

2.非工程措施

(1)积极发展节水型产业和企业,通过技术改造等手段,加大企业节水工作力度,促进各类企业向节水型方向转变;新建企业必须采用节水技术,建立行业万元国内生产总值用水量的参照体系,促进节水技术的推广应用。

(2)要推进清洁生产战略,加快污水资源化步伐,促进污水、废水处理回用,对废污水排放征收污水处理费,实行污染物排放总量控制。采用新型设备和新型材料,提高循环用水浓缩指标,减少取水量。

(3)要加强用水定额管理,改进不合理用水因素。完善节水法规体系和技术标准体系,制定规范性文件,梳理地方技术标准,形成合理的价格和激励机制,对节水先进单位进行表彰奖励。

(4)加强计划用水管理和定额管理相结合的节水管理手段,编制限制高用水项目目录及淘汰落后的高用水工艺和高用水设备(产品)目录,制定落实行业用水定额和节水标准,对企业用水进行目标管理和考核,促进企业技术升级、工艺改革,设备更新,逐步淘汰耗水大、技术落后的工艺设备。

4.2.3.3 城镇生活

1.工程措施

通过改造供水体系和改善城市供水管网,有效减少渗漏,杜绝"跑、冒、滴、漏"现象,提高城镇供水效率,降低供水管网漏损率;全面推广使用节水器具和设备,新建、改建、扩建的民用建筑,禁止使用国家明令淘汰的用水器具,引导居民尽快淘汰现有住宅中不符合节水标准的生活用水器具,尤其是公共场所和机关事业单位应100%采用节水器具;采用中水回用措施,对中水进行处理达到国家规定的杂用水标准后,可广泛用于城市绿化、道路清洁、汽车清洗、居民冲厕及施工用水等领域。

2.非工程措施

加强节水的宣传工作,树立节水观念,提高全民节约用水的自觉性和自主意识,营造全民节水的社会氛围;实行计划用水和定额管理,采用超计划和超定额要累进加价;合理地逐步调整水价,以经济手段为杠杆促进节水工作的开展,有效减少用水浪费。

4.2.4 节水潜力

挖掘节水潜力主要有两个途径:一是通过工程措施,包括灌区节水改造提高农业灌溉水利用效率,工业节水改造提高用水重复利用率,城镇供水管网改造降低漏失率及推广节水器具等。二是通过非工程措施,包括合理调整经济布局和产业结构,将水从低效益用途配置到高效益领域,提高单位水资源消耗的经济产出;依靠技术进步,提高工艺、农艺水平和节水管理水平等。

4.2.4.1 节水潜力计算方法

1.农业节水潜力计算方法

图 4-1 中曲线 AB 和曲线 CD 分别代表某灌区在 $I_{净1}$ 和 $I_{净2}$ 耗水水平下的灌溉用水曲线。其耗水水平之间的关系为:

$$I_{净1} > I_{净2} \tag{4-1}$$

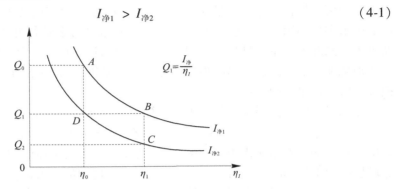

图 4-1 灌溉用水量与灌溉水利用系数及净灌溉定额的关系

点 A 代表最初的灌溉水平($Q_0, I_{净1}, \eta_0$),由于灌溉水利用系数较低,净灌溉用水量比较高,因此毛灌溉用水量 Q_0 较大。

首先,计算灌溉水利用系数提高的节水潜力。在净灌溉定额 $I_{净1}$ 不变的前提下,因为节水灌溉措施的实施而将灌溉水利用系数由最初的 η_0 提高到 η_1,对应的灌溉水平是 $B(Q_1, I_{净1}, \eta_1)$。图 4-1 可以清楚地显示,提高灌溉水利用系数后的节水量是:

$$\Delta Q = Q_0 - Q_1 \tag{4-2}$$

其次,计算减少田间无效蒸发、降低净灌溉定额的节水潜力。因为 $I_{净}$ 由曲线 AB 的水平降低到曲线 CD 的水平。在灌溉水利用系数不变的前提下,此时的灌溉水平是 $D(Q_1, I_{净2}, \eta_1)$。此时的节水量仍为

$$Q = Q_0 - Q_1 \tag{4-3}$$

对比提高 η 后的节水量和降低 $I_{净}$ 后的节水量可以发现,尽管从节水总量来看二者的效果可以相等,但其节水的内涵是有本质差别的。提高 η 减少的是渗漏损失,而降低 $I_{净}$ 则是减少了无效耗水。二者的计算方法也不一样,对于提高 η,其单位面积节水量的大小为

$$\Delta Q = I_{净}\left(\frac{1}{\eta_0} - \frac{1}{\eta_1}\right) \tag{4-4}$$

而对于降低 $I_{净}$,其单位面积节水量的大小为

$$\Delta Q = \frac{I_{净1} - I_{净2}}{\eta_0} = \frac{\Delta I_{净}}{\eta_0} \tag{4-5}$$

最后,计算提高灌溉水有效利用系数且降低净灌溉定额的综合节水潜力。无论灌溉水平是由 A 经过 B 到 C,还是由 A 经过 D 到 C,C 点对应的灌溉水平为 $C(Q_2, I_{净2}, \eta_1)$。此时的单位面积节水量为

$$\Delta Q = Q_0 - Q_2 = \frac{I_{\hat{p}1}}{\eta_0} - \frac{I_{\hat{p}2}}{\eta_1} \tag{4-6}$$

2.工业节水潜力计算方法

工业节水潜力主要考虑工业用水水平指标和工业供水管网漏失率两个方面。工业用水水平指标主要以万元工业增加值取水量和工业用水重复利用率为代表。其中,工业用水重复利用率指在一定的计量时间内,工业生产过程中使用的重复利用水量(包括二次以上用水和循环用水量)与工业总用水量(新鲜水量与重复利用水量之和)的百分比。工业供水管网漏失率主要是指工业用水户在取用水过程中,由于管道本身的结构所引起的必然损耗和一定的沿程与局部损耗所造成的水量损失,以及由于管线老化所带来的其他损失占所有供水量的比例。

万元工业增加值用水量的节水量计算公式如下:

$$\Delta Q_{工业} = Z_0(\eta_0 - \eta_t) \tag{4-7}$$

式中:$\Delta Q_{工业}$为工业节水潜力,万 m³/a;Z_0为基准年工业增加值,万元;η_0为基准年万元工业增加值用水量,m³/万元;η_t为水平年万元工业增加值用水量,m³/万元。

工业供水管网漏失率节水量计算公式如下:

$$\Delta Q_{管网} = W_0(\lambda_0 - \lambda_t) \tag{4-8}$$

式中:$\Delta Q_{管网}$为管网漏失率降低节水潜力,万 m³/a;W_0为基准年工业用水量,万 m³;λ_0为基准年管网漏失率(%);λ_t为水平年管网漏失率(%)。

3.生活用水节水潜力计算方法

城镇综合生活节水潜力主要考虑城镇供水管网漏失率,经查阅相关文献,也有地区将节水器具普及率考虑在内,本次计算仅考虑管网漏失率下降的节水量。

通过提高供水管网漏失率实现节水,相应节水潜力计算方法如下:

$$\Delta W_c = W_{c1} \times (L_1 - L_2) \tag{4-9}$$

式中:ΔW_c为城镇生活节水量,万 m³;W_{c1}为现状城镇生活用水量(包括建筑和第三产业),万 m³;L_1、L_2分别为现状、未来城镇供水管网漏失率(%)。

4.综合节水潜力

综合节水潜力 W 由农业节水潜力、工业节水潜力和生活节水潜力三者相加得到,公式如下:

$$W = \Delta Q_{农业} + \Delta Q_{工业} + \Delta W_{城镇生活} \tag{4-10}$$

4.2.4.2　节水潜力分析

1.农业

农业灌溉节水潜力是通过各类节水措施的实施,可以使现有农田用水总量减少的数量。经过计算可知,2025 年、2030 年水平禹州市农业节水量分别为 1 236 万 m³、1 299 万 m³。

2.工业

工业节水方面,未来研究区要按照推进供给侧结构性改革、化解过剩产能的总体部署,依法依规淘汰高耗水行业中用水超出定额标准的产能,促进产业转型升级。结合产业结构调整、技术改造升级以及产品的更新换代,重点抓好各园区高耗水行业向高效节水方向调整。对于新建、改扩建项目,优先使用先进的节水设备,坚持节水工艺、节水设备与建设项目同时设计、同时施工、同时运行,并要求达到先进节水水平,以提高工业用水的利用效率和技术水平。

本次考虑到工业供水管网基本上与城镇供水管网重复,在计算工业节水时,仅考虑万元工业增加值用水量下降的节水量。经过计算可知,2025 年、2030 年全市累计可节约工业用水量 767 万 m³、1 780 万 m³。

3.城镇生活

通过更新改造输水设施,城镇管网输水漏失率将逐步降低,同时,通过积极组织开展节水器具和节水产品的推广及普及工作,设计水平年研究区节水器具普及率达到 100%。经过计算可知,2025 年、2030 年禹州市累计可节约城镇生活用水量 41 万 m³、98 万 m³。

综上分析,禹州市 2025 年总节水潜力为 2 044 万 m³,其中农业、工业、城镇生活节水潜力分别占总节水潜力的 60.5%、37.6%、1.9%,详细结果可见表 4-5。

表 4-5　禹州市各河流不同水平年节水潜力计算结果　　　　　单位:万 m³

分区			2025 年				2030 年			
			农业	工业	生活	合计	农业	工业	生活	合计
颍河	Ⅰ	颍河上游	200	94	4	298	211	283	6	500
	Ⅱ	颍河下游	699	501	24	1 224	722	963	60	1 745
	Ⅲ	涌泉河	14	27	1	42	14	82	3	99
北汝河	Ⅳ	蓝河	23	86	6	115	25	257	19	301
	Ⅴ	吕梁河	111	7	3	121	122	40	5	167
清潩河	Ⅵ	石梁河	189	52	3	244	205	155	5	365
合计			1 236	767	41	2 044	1 299	1 780	98	3 177

4.2.5　节水保障对策

(1)加强宣传教育,提高全民节水意识。

动员全社会力量,参与节水型社会建设。大力开展群众性节水防污合理化建议和技术革新活动,把水资源节约保护的知识纳入中小学教育内容,加强节水技术培训,倡导节水的文明生活方式,培育珍惜水、爱护水的道德意识和自我约束意识,在日常生活中养成节水习惯。积极引导和规范各种用水组织的建立,如农民用水协会、行业用水协会等。

要充分利用广播、电视、报刊和互联网等多种媒体,把节水公益宣传作为重要任务,广泛、深入、持久地开展节水型社会宣传。要加强舆论监督,对浪费水、污染水的不良行为公开曝光。形成"浪费污染水可耻、节约保护水光荣"的社会氛围。不断提高公众的水资源忧患意识和节约意识;特别是要在青少年中广泛开展节水教育,树立节水观念,营造全民节水的社会氛围。努力实现人与水的和谐,促进社会经济的可持续发展。

(2)加强领导,落实责任,完善政策措施。

加强节水型社会建设组织领导,把建设节水型社会纳入经济社会发展的中长期规划,确保认识到位、责任到位、措施到位。成立禹州市节水型社会建设领导小组,领导小组办公室设在市水利局。禹州市人民政府对建设节水型社会负总责,要把建设节水型社会的责任和实际效果纳入政府目标责任制中,配备专门人员,明确目标,落实责任,确保建设节水型社会的各项措施落实到实处。深入贯彻落实《中华人民共和国水法》《中华人民共和国水污染防治法》等法律法规,按照制定、修改和完善并重的原则,尽早出台有关节水、水价改革等配套政策,建立和完善符合市情、水情的节水型社会政策法规体系。

（3）加大政府投入,拓展融资渠道,保障节水投入。

继续加大农业节水灌溉、大中型灌区节水改造、城市供水管网改造、工业节水技术改造、城市生活节水设施及非传统水源利用的资金投入,建立完善的节水投入保障机制和良性的节水激励机制。根据节水投入政府主导、市场融资、公众参与的筹集原则,农业节水灌溉资金采用"政府引导、民办公助"的方式筹集,对农民、用水协会、专业合作经济组织和村集体等开展的农业节水灌溉项目,政府鼓励并给予适当补助;工业节水资金以用水企业投入为主,政府适当给予优惠和补贴;城市节水由政府示范引导,市场融资运作,通过水价等经济杠杆推动节水。征收的水资源费全部用于水资源的节约保护与管理,重点支持节水型社会建设的前期规划、制度建设、科学研究、技术开发以及水资源管理设施建设;调整水利工程供水水价与水资源费征收标准,将累进加价征收的水费和水资源费全部用于节约用水。各级人民政府要加大建设节水型社会的财政投入,采取各种有效措施,鼓励国外资本和民间资本投入节水项目建设。

（4）完善节水政策和机制,激励节水。

大力推行有利于节水型社会建设的经济政策,建立健全有利于节约用水的价格、税收、信贷等政策体系。抓紧制定并不断完善节水设备（产品）目录,在投资和税收上采取优惠政策;鼓励生产和使用节水设备（产品）,各级财政要将节水设备（产品）纳入政府采购目录;对重大节水技术开发和改造项目,政策投资可采取直接投资、资本金注入、投资补助和贷款贴息等方式给予适当支持;通过财政支持、税收优惠、差别价格和信贷等政策杠杆,鼓励开发和利用再生水、雨洪水等水资源。

（5）依靠科技进步,创新用水模式。

强化节水科技创新基础平台建设,将重大节水科技创新和推广项目列入国家和地方科技发展计划。鼓励成立节水高效技术研究中心,加强国际合作,组织对共性、关键和前沿节水技术的科技研发,不断依靠科技进步研制、开发节水的新技术、新途径和新产品。实施重大节水示范工程,大力推广节水新工艺、新产品和新技术,提高自主创新能力。组织制定节水技术标准,引导节水产品、产业和节水型社会建设的发展。建立完善的节水技术推广和服务网络,提高节水技术服务水平。

4.3　基于节水优先的经济社会需水预测

在节水优先的要求下,以 2014 年为基准年,对禹州市 2025 年和 2030 年（预测水平年）国民经济发展指标及其对应需水量进行预测。

4.3.1　国民经济发展指标预测

4.3.1.1　人口及城镇化预测

禹州市现辖 26 个乡(镇、街道办事处),其中 4 个街道办事处、17 个镇、5 个乡(含 1 个回族乡),另有禹州市城市新区管委会和被列为河南省重点产业集聚区的禹州市产业集聚区管委会。2014 年禹州市总人口 127.7 万人,其中城镇人口 40.5 万人,农村人口 87.2 万人,城市化率为 31.7%。

根据禹州市"十三五"发展规划,结合国家新实行的计划生育政策和当地实际情况等,预测禹州市 2014~2025 年、2025~2030 年人口增长率分别为 8.0‰和 6.0‰,2025 年水平和 2030 年水平禹州市总人口数量将分别达到 134.0 万人和 142.3 万人,详见表 4-6。

表 4-6　禹州市不同水平年总人口预测结果

分区			总人口/万人			增长率/‰		
			基准年	2025 年	2030 年	2014~ 2025 年	2025~ 2030 年	2014~ 2030 年
颍河	I	颍河上游	22.6	23.7	25.2	8.0	6.0	6.7
	II	颍河下游	49.6	52.0	55.2	8.0	6.0	6.7
	III	涌泉河	6.2	6.5	6.9	8.0	6.0	6.7
北汝河	IV	蓝河	20.5	21.5	22.8	8.0	6.0	6.7
	V	吕梁河	12.1	12.7	13.5	8.0	6.0	6.7
清潩河	VI	石梁河	16.7	17.6	18.7	8.0	6.0	6.7
合计			127.7	134.0	142.3	8.0	6.0	6.7

禹州市城镇人口相对集中。随着工业化和中小城镇化的快速推进,该地区未来城镇化发展将会继续保持较快的增长态势。根据禹州市城市总体规划和禹州市组团城市发展规划,结合禹州市城镇化发展现状,预测 2025 年和 2030 年水平禹州市城镇化率将分别达到 50.2%和 60.2%,2025 年和 2030 年水平城镇人口分别达到 67.2 万人和 85.5 万人,农村人口分别为 66.7 万人和 56.6 万人(详见表 4-7)。

表 4-7　禹州市不同水平年城镇人口预测结果

分区			城镇人口/万人			城市化率/%			农村人口/万人		
			基准年	2025 年	2030 年	基准年	2025 年	2030 年	基准年	2025 年	2030 年
颍河	I	颍河上游	4.1	6.0	8.9	18.4	25.4	35.4	18.5	17.7	16.3
	II	颍河下游	19.1	39.0	46.9	38.5	75.0	85.0	30.5	13.0	8.3
	III	涌泉河	1.1	1.6	2.4	17.5	24.5	34.5	5.1	4.9	4.5
北汝河	IV	蓝河	8.4	10.3	13.3	41.0	48.0	58.0	12.1	11.2	9.6
	V	吕梁河	4.6	5.7	7.4	38.2	45.2	55.2	7.5	6.9	6.0

续表 4-7

分区			城镇人口/万人			城市化率/%			农村人口/万人		
			基准年	2025年	2030年	基准年	2025年	2030年	基准年	2025年	2030年
清潩河	Ⅵ	石梁河	3.2	4.6	6.7	19.0	26.0	36.0	13.6	13.0	12.0
	合计		40.5	67.2	85.5	31.7	50.2	60.2	87.2	66.7	56.6

4.3.1.2　国内生产总值预测

禹州市资源丰富,能源充沛。近年来,禹州市依托丰富的资源优势,经济快速发展,初步形成以工业为主导、特色农业为基础、第三产业同步发展的产业格局。根据统计资料,2014年禹州市国内生产总值达到438.3亿元,三产业结构为7.4∶59.3∶33.3。

根据《禹州市国民经济和社会发展第十三个五年规划纲要》,严格执行用水总量和用水效率控制、水功能区限制纳污等许昌市水资源管理"三条红线"指标要求,同时考虑禹州市水资源承载能力等,2025年水平设置两个方案进行预测。方案一:2014～2025年,预测禹州市GDP增速为9.7%,到2025年禹州市GDP将达到761.74亿元,人均5.69万元;方案二:预测禹州市GDP增速为7.0%,到2025年禹州市GDP将达到658.33亿元,人均4.92万元。

2030年水平,在2025年水平方案二的基础上进行预测,2025～2030年禹州市GDP增速为5.1%,到2030年禹州市GDP将达到1 077.82亿元,人均7.58万元。禹州市GDP发展预测结果详见表4-8。

表 4-8　禹州市不同水平年国内生产总值(GDP)预测结果

河流	分区		2014年/亿元	2025年				2030年	
				方案一		方案二		增长率/%	增加值/亿元
				增长率/%	增加值/亿元	增长率/%	增加值/亿元		
颍河	Ⅰ	颍河上游	68.66	8.9	114.26	5.8	96.55	3.8	140.25
	Ⅱ	颍河下游	225.29	10.6	412.08	8.0	357.61	6.0	638.75
	Ⅲ	涌泉河	20.67	8.1	32.97	5.5	28.45	3.3	39.37
北汝河	Ⅳ	蓝河	66.62	9.0	111.67	6.2	95.60	4.2	143.99
	Ⅴ	吕梁河	14.34	7.1	21.62	5.2	19.49	3.0	26.26
清潩河	Ⅵ	石梁河	42.69	8.4	69.14	6.0	60.63	3.9	89.20
	合计		438.27	9.7	761.74	7.0	658.33	5.1	1 077.82

4.3.1.3　工业发展预测

工业发展指标按一般工业和火电工业分别进行预测。

1.一般工业

禹州市工业经济实力雄厚,拥有装备制造、能源、建材、钧陶瓷等支柱产业,严格资源节约和环境准入门槛,推动产业集聚区绿色低碳循环发展,积极创建生态工业示范园区、低碳工业园区等绿色园区建设发展。2014 年工业增加值为 259.7 亿元,其中一般工业增加值为 251.89 亿元。

根据《禹州市国民经济和社会发展第十三个五年规划纲要》,严格执行用水总量和用水效率控制、水功能区限制纳污等许昌市水资源管理"三条红线"指标要求,同时考虑禹州市水资源承载能力等,2025 年水平设置两个方案进行预测。方案一:预测到 2025 年禹州市工业增加值将达到 436.61 亿元,2014~2025 年增长率为 9.6%;方案二:预测到 2025 年禹州市工业增加值将达到 336.63 亿元,2014~2025 年增长率为 5.0%。2030 年水平,在 2025 年水平方案二的基础上进行预测,2025~2030 年工业增加值增速为 3.0%,到 2030 年禹州市工业增加值达到 451.19 亿元(详见表 4-9)。

表 4-9　禹州市不同水平年一般工业发展预测结果

河流	分区		2014 年/亿元	2025 年				2030 年	
				方案一		方案二		增长率/%	增加值/亿元
				增长率/%	增加值/亿元	增长率/%	增加值/亿元		
颖河	Ⅰ	颖河上游	47.23	9.0	79.21	4.5	61.51	2.5	78.73
	Ⅱ	颖河下游	115.55	10.5	210.35	5.5	159.32	3.5	224.74
	Ⅲ	涌泉河	13.74	8.5	22.41	4.5	17.89	2.5	22.90
北汝河	Ⅳ	蓝河	42.87	9.0	71.90	4.5	55.83	2.5	71.47
	Ⅴ	吕梁河	6.64	8.0	10.54	4.0	8.40	2.0	10.24
清潩河	Ⅵ	石梁河	25.86	8.5	42.20	4.5	33.68	2.5	43.11
合计			251.89	9.6	436.61	5.0	336.63	3.0	451.19

2. 火电工业

基准年禹州市有一座龙岗电厂,装机容量 202 万 kW。龙岗电厂 1998 年 12 月开工建设,2001 年建成投产一期工程,装机容量 2×35 万 kW,采用亚临界燃煤凝汽式汽轮发电机组;2009 年建成投产二期工程,装机容量 2×66 万 kW,采用超临界燃煤发电机组。电厂不仅可以使河南中部地区生产的煤炭就地转化利用,还可改善华中电网的水火电联合运行条件,有效缓解许昌、漯河、周口三地用电紧张局面。根据电厂相关规划,2025 年与 2030 年维持目前装机容量 202 万 kW。

4.3.1.4　建筑业及第三产业发展预测

随着禹州市国民经济的不断发展,外来人口增多,物流、旅游、文化等现代服务业将蓬勃兴起,建筑业及第三产业快速成长,正在成为带动经济发展的支柱产业。2014 年禹州市建筑业及第三产业增加值为 146.13 亿元。预测 2025 年和 2030 年禹州市建筑业及第三产业增加值将分别达到 261.42 亿元和 527.69 亿元,2014~2025 年、2025~2030 年平均增长率分别为10.2%和7.3%。禹州市不同水平年建筑业及第三产业发展预测结果详见表4-10。

表 4-10 禹州市不同水平年建筑业及第三产业发展预测结果

分区			增加值/亿元			增长率/%	
			2014 年	2025 年	2030 年	2014~2025 年	2025~2030 年
颍河	I	颍河上游	16.33	27.40	49.06	9.0	6.0
	II	颍河下游	88.83	166.14	358.69	11.0	8.0
	III	涌泉河	5.24	7.86	11.63	7.0	4.0
北汝河	IV	蓝河	19.95	34.40	64.57	9.5	6.5
	V	吕梁河	3.88	5.66	7.99	6.5	3.5
清潩河	VI	石梁河	11.90	19.96	35.75	9.0	6.0
合计			146.13	261.42	527.69	10.2	7.3

4.3.1.5 农业发展规模预测

2014 年禹州市耕地面积 136.5 万亩,农田有效灌溉面积为 59.94 万亩,实灌面积45.00万亩,粮食产量 52.72 万 t,人均粮食产量 4 100 kg。

根据禹州市土地资源、水资源条件和河南省用水总量控制指标,以及许昌市 2016~2025 年"三条红线"计划指标的有关要求等,考虑今后人口增长和工业的快速发展,2025 年和 2030 年禹州市原则上不再新增农田灌溉面积,维持现状有效灌溉面积 59.9 万亩不变。2025 年设置两个方案:方案一,2025 年不新增节水面积,维持现状灌溉水利用系数和节水灌溉面积不变;方案二,在现状的基础上农业加大节水力度,规划到 2025 年高效节水灌溉面积增加至 40 万亩,灌溉水利用系数提高到 0.68。2030 年水平,在 2025 年水平方案二的基础上,进一步加大农业节水力度,高效节水灌溉面积增加到 42.8 万亩,灌溉水利用系数由 2025 年水平的 0.68 提高至 0.70。

4.3.1.6 牲畜发展规模预测

2014 年禹州市大、小牲畜总头数为 95.1 万头(只),其中大牲畜 91.82 万头,小牲畜3.29万只。预测到 2025 年水平禹州市牲畜数量将达到 96.8 万头(只),增长率为 0.3%;2030 年水平牲畜数量将达到 99.4 万头(只),增长率为 0.25%。预测结果详见表 4-11。

表 4-11 禹州市不同水平年牲畜发展预测结果

分区			牲畜/[万头(只)]			增长率/%	
			2014 年	2025 年	2030 年	2014~2025 年	2025~2030 年
颍河	I	颍河上游	16.8	17.1	17.6	0.3	0.25
	II	颍河下游	37.1	37.7	38.7	0.3	0.25
	III	涌泉河	4.6	4.7	4.8	0.3	0.25

续表 4-11

分区			牲畜/[万头(只)]			增长率/%	
			2014 年	2025 年	2030 年	2014～2025 年	2025～2030 年
北汝河	IV	蓝河	15.2	15.5	15.9	0.3	0.25
	V	吕梁河	9.0	9.1	9.4	0.3	0.25
清潩河	VI	石梁河	12.4	12.7	13.0	0.3	0.25
合计			95.1	96.8	99.4	0.3	0.25

4.3.2　国民经济发展需水预测

4.3.2.1　生活需水预测

1.城镇居民生活需水

2014 年,禹州市城镇居民生活需水量为 1 247 万 m³,平均用水定额为 84 L/(人·d)。今后,随着禹州市居民生活质量的不断提高,用水水平也将相应提高,用水定额将逐步增大。预测到 2025 年和 2030 年,禹州市城镇居民生活用水定额分别为 101 L/(人·d)和 110 L/(人·d),城镇居民生活需水量分别为 2 477 万 m³ 和 3 446 万 m³,预测结果详见表 4-12。

表 4-12　禹州市不同水平年城镇居民生活需水量预测结果

河流	分区		2014 年			2025 年			2030 年		
			城镇人口/万人	定额/[L/(人·d)]	需水量/万 m³	城镇人口/万人	定额/[L/(人·d)]	需水量/万 m³	城镇人口/万人	定额/[L/(人·d)]	需水量/万 m³
颍河	I	颍河上游	4.16	75	114	6.03	90	198	8.92	100	326
	II	颍河下游	19.09	97	673	39.01	110	1 566	46.93	120	2 056
	III	涌泉河	1.07	80	31	1.58	95	55	2.36	105	91
北汝河	IV	蓝河	8.39	75	230	10.3	90	338	13.21	100	482
	V	吕梁河	4.62	70	118	5.73	85	178	7.43	95	258
清潩河	VI	石梁河	3.18	70	81	4.56	85	142	6.71	95	233
合计			40.51	84	1 247	67.21	101	2 477	85.56	110	3 446

2.农村居民生活需水

2014 年,禹州市农村居民生活需水量为 1 272 万 m³,平均用水定额为 40 L/(人·d)。今后,随着禹州市经济社会的发展和新农村建设的不断实施,农村居民生活需水定额将不断提高,预测到 2025 年和 2030 年,用水定额分别为 50 L/(人·d)和 60 L/(人·d),农村居民生活需水量分别为 1 218 万 m³ 和 1 240 万 m³(见表 4-13)。

表 4-13　禹州市不同水平年农村居民生活需水量预测结果

分区		2014 年			2025 年			2030 年		
		农村人口/万人	定额/[L/(人·d)]	需水量/万 m³	农村人口/万人	定额/[L/(人·d)]	需水量/万 m³	农村人口/万人	定额/[L/(人·d)]	需水量/万 m³
颍河	Ⅰ 颍河上游	18.46	40	270	17.7	50	323	16.28	60	357
	Ⅱ 颍河下游	30.49	40	445	13	50	237	8.28	60	181
	Ⅲ 涌泉河	5.08	40	74	4.88	50	89	4.49	60	98
北汝河	Ⅳ 蓝河	12.07	40	176	11.16	50	204	9.57	60	210
	Ⅴ 吕梁河	7.47	40	109	6.95	50	127	6.03	60	132
清潩河	Ⅵ 石梁河	13.58	40	198	13.01	50	238	11.95	60	262
合计		87.15	40	1 272	66.70	50	1 218	56.6	60	1 240

3.牲畜需水量

基准年,禹州市牲畜需水量为 869 万 m³,牲畜综合用水定额为 25 L/(头·d)。一般情况下牲畜的需水定额变化不大,预测水平年牲畜的需水定额维持现状水平。据此预测 2025 年和 2030 年水平禹州市牲畜需水量分别为 883 万 m³ 和 906 万 m³(见表 4-14)。

表 4-14　禹州市不同水平年牲畜需水量预测结果

分区		2014 年			2025 年			2030 年		
		牲畜/头	定额/[L/(头·d)]	需水量/万 m³	牲畜/头	定额/[L/(头·d)]	需水量/万 m³	牲畜/头	定额/[L/(头·d)]	需水量/万 m³
颍河	Ⅰ 颍河上游	16.82	25	154	17.12	25	156	17.56	25	160
	Ⅱ 颍河下游	37.07	25	338	37.74	25	344	38.69	25	353
	Ⅲ 涌泉河	4.60	25	42	4.68	25	43	4.80	25	44
北汝河	Ⅳ 蓝河	15.22	25	139	15.49	25	141	15.88	25	145
	Ⅴ 吕梁河	8.96	25	82	9.12	25	83	9.35	25	85
清潩河	Ⅵ 石梁河	12.45	25	114	12.67	25	116	13.00	25	119
合计		95.12	25	869	96.82	25	883	99.28	25	906

4.3.2.2　工业需水量预测

1.一般工业需水量预测

基准年,禹州市一般工业需水量为 4 675 万 m³,万元工业增加值用水量为 19 m³/万元。随着节水技术的推广和深入、产业结构调整力度的加大,以及工业用水重复利用率的提高,预测到 2025 年和 2030 年,禹州市一般工业需水定额分别下降到 16 m³/万元和 12 m³/万元。据此预测 2025 年方案一与方案二,一般工业需水量分别为 6 989 万 m³、5 397 万 m³;2030 年一般工业需水量为 5 395 万 m³。预测结果见表 4-15。

表 4-15　禹州市一般工业需水量预测结果

分区			2014年			2025年 方案一			2025年 方案二			2030年		
			工业增加值/亿元	定额/(m³/万元)	需水量/万m³	工业增加值/亿元	定额/(m³/万元)	需水量/万m³	工业增加值/亿元	定额/(m³/万元)	需水量/万m³	工业增加值/亿元	定额/(m³/万元)	需水量/万m³
颍河	I	颍河上游	47.23	20	945	79.21	18	1 426	61.51	18	1 107	78.73	14	1 102
	II	颍河下游	115.55	18	2 097	210.35	15	3 155	159.32	15	2 390	224.74	11	2 472
	III	涌泉河	13.74	22	302	22.41	20	448	17.89	20	358	22.90	16	366
北汝河	IV	蓝梁河	42.87	17	707	71.90	15	1 043	55.83	15	810	71.47	11	750
	V	吕梁河	6.64	18	120	10.54	17	179	8.40	17	143	10.24	12	123
清潩河	VI	石梁河	25.86	20	504	42.20	18	738	33.68	18	589	43.11	14	582
合计			251.89	19	4 675	436.61	16	6 989	336.63	16	5 397	451.19	12	5 395

2.火电工业需水量预测

2014年禹州市火电装机容量为202万kW,用水量为1 459万m³,单位装机用水量为7.22万m³/万kW。2015年,新的年许可取水量为882万m³,因此预测到2025年和2030年,需水量为1 322万m³,其中地表水774万m³,中水548万m³。

4.3.2.3　建筑业及第三产业需水量预测

2014年,禹州市建筑业及第三产业需水定额为5.3 m³/万元,需水量776万m³。预测水平年随着节水技术的提高和城镇供水管网漏失率的减少,预测到2025年和2030年,需水定额分别下降到4.0 m³/万元和2.1 m³/万元,需水量分别为1 054万m³和1 100万m³。需水预测结果详见表4-16。

4.3.2.4　农业需水量预测

农田灌溉需水量是指水流经各级渠道输送到田间,包括渠系输水损失和田间灌水损失在内的灌溉用水量。灌溉需水量通常采用灌溉定额预测方法。灌溉定额选择具有代表性的农作物的灌溉定额,结合农作物种植结构加以综合确定。农田灌溉定额一般为亩均灌溉水量,包括净灌溉定额和毛灌溉定额,一般先计算出作物的净灌溉定额,然后根据净灌溉定额、灌溉水利用系数推算求得毛灌溉定额。

农田净灌溉定额一般按照不同的农作物种类而提出,其为某种农作物单位面积净灌溉需水量。根据各类农作物灌溉净定额,也可计算灌区综合灌溉净定额,综合灌溉净定额可根据各类农作物灌溉净定额及其种植结构加以综合确定。在综合灌溉净定额基础上,考虑灌溉用水量从水源到农作物利用整个过程中的输水损失后,计算灌区灌溉综合毛定额。因此,研究采用灌溉毛定额计算灌溉需水量。

研究发现,经过多年发展,禹州市根据自身的自然条件和市场需求变化,发展适合本地区生长的优良品种,农作物种植结构以小麦、玉米为主,另有红薯、豆类等;经济作物主要有油料、药材及蔬菜水果等,农作物品种齐全。现状禹州市粮经比为68:32,复种指数为1.55。预测水平年,将加大经济作物种植比例,粮经比达到60:40。

1.需水定额确定

根据《河南省地方标准—农业用水定额》(2014年),结合禹州市农业灌溉的实际情况,计算得禹州市50%灌溉设计保证率下的灌溉净定额为90 m³/亩,75%灌溉设计保证率下的灌溉净定额为100 m³/亩。

同时,通过考虑实施节水措施下田间水利用系数和渠系水利用系数,分析渠灌和井灌的灌溉水利用系数,计算农田毛灌溉定额。

1)灌溉水利用系数

预测水平年,根据禹州市灌区渠道衬砌、管灌、喷灌、微滴灌等节水工程与非工程措施实施的面积,以及实施不同节水措施后的灌溉水利用系数,参考当地灌溉经验,采用加权平均方法估算禹州市灌溉水利用系数。

基准年,禹州市综合灌溉水利用系数为0.45,到2025年和2030年,通过加大农田节水措施的力度,灌溉水利用系数分别提高到0.68和0.70。

表 4-16　禹州市建筑业及第三产业需水量预测结果

分区		2014 年			2025 年				2030 年		
		增加值/亿元	定额/(m³/万元)	需水量/万 m³	增加值/亿元	定额/(m³/万元)	需水量/万 m³		增加值/亿元	定额/(m³/万元)	需水量/万 m³
颍河	I　颍河上游	16.33	4.5	74	27.4	3.5	96		49.06	1.5	74
	II　颍河下游	88.83	6.0	533	166.14	4.5	748		358.69	2.5	897
	III　涌泉河	5.24	4.5	24	7.86	3.5	28		11.63	1.5	17
北汝河	IV　蓝河	19.95	4	80	34.4	3.0	103		64.57	1.0	65
	V　吕梁河	3.88	4.5	17	5.66	3.5	20		7.99	1.5	12
清潩河	VI　石梁河	11.9	4.0	48	19.96	3.0	60		35.75	1.0	36
合计		146.13	5.3	776	261.42	4.0	1 054		527.69	2.1	1 100

2)综合毛灌溉定额

根据农作物综合净定额与综合灌溉水利用系数确定禹州市综合毛需水定额。基准年禹州市灌区 50% 和 75% 灌溉设计保证率下综合毛灌溉定额为 199 m³/亩和 221 m³/亩,2025 年方案一,禹州市灌区 50% 和 75% 灌溉设计保证率下综合毛灌溉定额均维持199 m³/亩、221 m³/亩;2025 年方案二,禹州市灌区 50% 和 75% 灌溉设计保证率下综合毛灌溉定额为 132 m³/亩和 147 m³/亩,2030 年禹州市灌区 50% 和 75% 灌溉设计保证率下综合毛灌溉定额为 129 m³/亩和 143 m³/亩。

2.农业需水量计算结果

经计算,基准年,50%灌溉设计保证率下禹州市农业灌溉需水量为 11 911 万 m³,75%灌溉设计保证率下禹州市农业灌溉需水量为 13 233 万 m³;2025 年方案一 50% 和 75%灌溉设计保证率下禹州市农业灌溉需水量分别为 11 911 万 m³、13 233 万 m³,2025 年方案二50% 和 75%灌溉设计保证率下禹州市农业灌溉需水量分别为 7 929 万 m³、8 810 万 m³,2030 年,50%灌溉设计保证率下禹州市农业灌溉需水量为 7 720 万 m³,75%灌溉设计保证率下禹州市农业灌溉需水量为 8 578 万 m³(见表 4-17)。

表 4-17　禹州市不同水平年需水量计算结果

保证率	河流	分区		需水定额/(m³/亩)				需水量/万 m³			
				2014 年	2025 年		2030 年	2014 年	2025 年		2030 年
					方案一	方案二			方案一	方案二	
50%	颍河	I	颍河上游	209	209	132	128	1 971	1 971	1 245	1 208
		II	颍河下游	215	215	132	129	5 763	5 763	3 536	3 462
		III	涌泉河	222	222	132	129	120	120	71	69
	北汝河	IV	蓝河	170	170	133	128	859	859	671	648
		V	吕梁河	178	178	133	129	1 400	1 400	1 050	1 013
	清潩河	VI	石梁河	175	175	132	129	1 798	1 798	1 357	1 320
		合计		199	199	132	129	11 911	11 911	7 929	7 720
75%	颍河	I	颍河上游	232	232	147	142	2 190	2 190	1 383	1 342
		II	颍河下游	239	239	147	144	6 403	6 403	3 929	3 846
		III	涌泉河	247	247	147	144	133	133	79	77
	北汝河	IV	蓝河	189	189	147	143	954	954	745	720
		V	吕梁河	197	197	148	143	1 555	1 555	1 166	1 125
	清潩河	VI	石梁河	194	194	147	143	1 997	1 997	1 508	1 467
		合计		221	221	147	143	13 233	13 233	8 810	8 578

4.4　基于生态优先的生态环境需水预测

现有河道生态需水计算方法主要包括水文学法、水力学法、栖息地评价法、整体评价分析法等。由于河道内生态需水涉及问题的复杂性,尚未有公认的、普遍适用的计算方法,计算时应根据河道现状、所掌握资料情况以及项目所处阶段选用相应的计算方法。

4.4.1　河道内生态环境需水预测

对于颍河干流,由于北关橡胶坝库区属于禹州市饮用水水源保护区,本次规划生态需水计算仅考虑干流二、三橡胶坝库区。考虑从水景观营造需求和颍河干流生态需水要求,按照河道内生态需水水力学法计算方法,采用实用堰流计算公式计算颍河干流二、三橡胶坝,确定堰上水深 $2 \sim 3$ cm,动水流速 0.3 m/s 左右,动水流量 $0.77 \sim 0.92$ m³/s,生态需水量为 4 922 万 m³(见表 4-18)。

表 4-18　禹州市区段河渠需补水量预测结果

名称		景观水面/万 m²	需补水量/万 m³
市区段颍河支流	禁沟	3.1	47
	秦北沟	5.2	78
	梁北沟	4.4	71
	东南护城河	3.5	52
	西护城河	1.5	22
	小泥河	4.0	54
	牛沟	1.9	27
	花园河	2.4	34
	倒流江	3.2	69
	董湾河	7.8	117
	北沈沟	3.0	52
	合计	40.0	623
颍河干流城区段二、三橡胶坝库区		183	4 922

注:干流生态需水由白沙水库弃水、涌泉河、潘家河等区间径流补给。

4.4.2　河道外生态环境需水预测

禹州市河道外生态环境需水包括市区段的颍河支流、市区现有湖泊及城镇绿化生态需水。基准年河湖生态补水为 1 140 万 m³,城镇绿化用水为 218 万 m³,人均绿化面积为 7.4 m²。

4.4.2.1　颍河支流

分析可知,禹州市区段的颍河支流包括:颍河南岸的禁沟、秦北沟、梁北沟、小泥河、护城河,颍河北岸的牛沟、花园河、倒流江、北沈沟,河道内生态需水量根据生态修复和营造的景观水体进行计算,景观水体采用浅滩深渊相结合的平面布局,小的溢流堰挡水,景观水体平均深度在 1 m 左右。本次规划将一年内生态需水划分为三个时段分别考虑。

（1）汛期 6~9 月，考虑雨洪运用，根据白沙水文站 1998~2012 年逐日降水资料，统计得出暴雨每年 4~6 次。确定禹州市区河渠汛期雨洪运用每年 5 次，即市区段颍河支流汛期水体交换次数为 5 次。

（2）冬季 11 月至次年 2 月，1981~2013 年冬季 11 月至次年 2 月平均气温 3.8 ℃，考虑气温较低，水体交换次数为 2 次。

（3）其他 4 个月，即每年的 3~5 月和 10 月，从营造溪流型河道、恢复河道溪水流动性方面，采用水力学法计算生态需水量，确定堰上水深 2~3 cm，动水流速 0.3 m/s 左右，动水流量 0.02~0.03 m³/s，水体交换次数为 5~8 次。经计算，确定大致相当于蓄水水体的 12~15 倍作为景观水体需求量，需水量为 623 万 m³（见表 4-18）。

4.4.2.2 湖泊补水

禹州市区现有湖泊为颍湖、禹王湖，水面面积共计 20.0 万 m²。颍河南岸规划建设夏禹湖和钧玉湖，水面面积分别为 4.0 万 m² 和 10.0 万 m²；颍河北岸规划建设文汇湖、聚贤湖等 6 座人工湖，水面面积 16.5 万 m²。湖泊生态需水量采用水量平衡法，按照蒸发量、渗漏量、水体交换次数等进行平衡计算，湖泊水体交换次数考虑湖体水质更新的要求，参考颍湖运行实际情况及其他同类成果取 3 次，水深分别取 2~3 m 进行计算。

湖泊补水量计算公式如下：

$$W_\text{补} = W_\text{换} + F + S(E - P)/1\,000 \tag{4-11}$$

式中：$W_\text{补}$ 为年补水量，m³；$W_\text{换}$ 为湖体年交换水量；F 为水体渗漏量，m³；S 为水面面积，m²；P 为降水量，mm；E 为水面蒸发量，mm。

禹州市区湖泊需补水量预测结果见表 4-19。

表 4-19 禹州市区湖泊需补水量预测结果

名称	景观水面/万 m²	蓄水量/万 m³	换水次数	蒸发量/万 m³	渗漏量/万 m³	需补水量/万 m³	备注
钧玉湖	10.0	25.0	3	2.5	0	76.0	规划建设颍河南岸
夏禹湖	4.0	10.0	3	1.0	0	31.0	
颍湖、禹王湖	20.0	49.0	3	5.0	0	152.0	现有
文汇湖	4.5	11.3	3	1.1	0	35.0	
聚贤湖	2.5	6.3	3	0.6	0	19.0	
馥香湖	3.1	7.8	3	0.8	0	24.0	规划建设颍河北岸
钧都湖	0.7	1.8	3	0.2	0	5.4	
双月湖	2.7	6.8	3	0.7	0	21.0	
颍尚湖	3.0	7.5	3	0.8	0	23.0	
合计	50.5	125.5		12.7	0	386.4	

注：蒸发量为水面蒸发量扣除降水量。根据工程设计方案，湖泊四周和湖底采用防渗毯，故计算中渗漏量为 0。

4.4.2.3 城镇环境绿化

预测到 2025 年和 2030 年，禹州市人均绿化面积分别达到 10 m² 和 10.8 m²，绿地面积分别达到 670 万 m² 和 926 万 m²。根据《室外给水设计标准》（GB 50013—2018），浇洒绿地用水按 1.0~3 L/(m²·d)计算,考虑到禹州市水资源紧缺,绿化用水按 2 L/(m²·d)考虑。据此预测,基准年、2025 年和 2030 年水平禹州市城镇环境绿化需水量分别为 218 万 m³、496 万 m³ 和 676 万 m³。

4.5　需水量及其预测合理性分析

4.5.1　需水量分析

研究对 50% 和 75% 不同灌溉保证率下的基准年、2025 年和 2030 年需水总量进行分析,由表 4-20~表 4-23 可知:

基准年,50% 灌溉设计保证率下禹州市总需水量 23 563 万 m³(不含河道内生态需水量 4 922 万 m³,下同),其中生活需水量 3 387 万 m³;生产需水量 18 819 万 m³,包括农业灌溉需水量 11 911 万 m³,工业需水量 6 134 万 m³,建筑业及第三产业需水量 776 万 m³;生态需水量 1 357 万 m³。75% 灌溉设计保证率下禹州市总需水量 24 886 万 m³(不含河道内生态需水量 4 922 万 m³,下同),其中生活需水量 3 387 万 m³;生产需水量 20 142 万 m³,包括农业灌溉需水量 13 233 万 m³,工业需水量 6 134 万 m³,建筑业及第三产业需水量 776 万 m³;生态需水量 1 357 万 m³。

2025 年,方案一:50% 灌溉设计保证率下禹州市总需水量 27 362 万 m³,其中生活需水量 4 578 万 m³;生产需水量 21 276 万 m³,包括农业灌溉需水量 11 911 万 m³,工业需水量 8 311 万 m³,建筑业及第三产业需水量 1 054 万 m³;生态需水量 6 431 万 m³,包括河道外生态需水量 1 509 万 m³,河道内生态需水量 4 922 万 m³。75% 灌溉设计保证率下禹州市总需水量 28 685 万 m³,其中生活需水量 4 578 万 m³;生产需水量 22 598 万 m³,包括农业灌溉需水量 13 233 万 m³,工业需水量 8 311 万 m³,建筑业及第三产业需水量 1 054 万 m³;生态需水量 6 431 万 m³,包括河道外生态需水量 1 509 万 m³,河道内生态需水量 4 922 万 m³。方案二:50% 灌溉设计保证率下禹州市总需水量 21 788 万 m³,其中生活需水量 4 578 万 m³;生产需水量 15 702 万 m³,包括农业灌溉需水量 7 929 万 m³,工业需水量 6 719 万 m³,建筑业及第三产业需水量 1 054 万 m³;生态需水量 6 431 万 m³,包括河道外生态需水量 1 509 万 m³,河道内生态需水量 4 922 万 m³。75% 灌溉设计保证率下禹州市总需水量 22 669 万 m³,其中生活需水量 4 578 万 m³;生产需水量 16 583 万 m³,包括农业灌溉需水量 8 810 万 m³,工业需水量 6 719 万 m³,建筑业及第三产业需水量 1 054 万 m³;生态需水量 6 431 万 m³,包括河道外生态需水量 1 509 万 m³,河道内生态需水量 4 922 万 m³。

2030 年,50% 灌溉设计保证率下禹州市总需水量为 22 817 万 m³,其中生活需水量 5 590 万 m³;生产需水量 15 538 万 m³,包括农业灌溉需水量 7 720 万 m³,工业需水量 6 718 万 m³,建筑业及第三产业需水量 1 100 万 m³;生态需水量 6 611 万 m³,包括河道外生态需水量 1 689 万 m³,河道内生态需水量 4 922 万 m³。75% 灌溉设计保证率下禹州市总需水量为 23 675 万 m³,其中生活需水量 5 590 万 m³;生产需水量 16 396 万 m³,包括农业灌溉需水量 8 578 万 m³,工业需水量 6 718 万 m³,建筑业及第三产业需水量 1 100 万 m³;生态需水量 6 611 万 m³,包括河道外生态需水量 1 689 万 m³,河道内生态需水量 4 922 万 m³。

表 4-20 禹州市各分区基准年需水量分析结果

单位：万 m³

保证率	分区		生活			生产				河道外生态	总计	河道内生态
			城镇	农村	合计	工业	建筑业及第三产业	农业灌溉	合计			
50%	颍河	I 颍河上游	114	423	537	945	74	1 971	2 989	11	3 538	0
		II 颍河下游	673	783	1 456	3 556	533	5 763	9 852	1 297	12 605	4 922
		III 涌泉河	31	116	147	302	24	120	445	3	595	0
	北汝河	IV 蓝河	230	315	545	707	80	859	1 646	23	2 214	0
		V 吕梁河	118	191	309	120	17	1 400	1 537	13	1 859	0
	清潩河	VI 石梁河	81	312	393	504	48	1 798	2 349	10	2 753	0
		合计	1 247	2 140	3 387	6 134	776	11 911	18 819	1 357	23 563	4 922
75%	颍河	I 颍河上游	114	423	537	945	74	2 190	3 208	11	3 756	0
		II 颍河下游	673	783	1 456	3 556	533	6 403	10 492	1 297	13 245	4 922
		III 涌泉河	31	116	147	302	24	133	458	3	608	0
	北汝河	IV 蓝河	230	315	545	707	80	954	1 741	23	2 309	0
		V 吕梁河	118	191	309	120	17	1 555	1 693	13	2 015	0
	清潩河	VI 石梁河	81	312	393	504	48	1 997	2 549	10	2 952	0
		合计	1 247	2 140	3 387	6 134	776	13 233	20 142	1 357	24 886	4 922

表 4-21　禹州市各分区 2025 年需水预测量分析结果（方案一）

单位：万 m³

保证率	分区			需水预测量									
				生活			生产				河道外生态	总计	河道内生态
				城镇	农村	合计	工业	建筑业及第三产业	农业灌溉	合计			
50%	颍河	Ⅰ	颍河上游	198	479	677	1 426	96	1 971	3 493	23	4 193	0
		Ⅱ	颍河下游	1 566	582	2 148	4 477	748	5 763	10 988	1 398	14 534	4 922
		Ⅲ	涌泉河	55	132	187	448	28	120	595	6	788	0
	北汝河	Ⅳ	蓝河	338	345	683	1 043	103	859	2 005	40	2 728	0
		Ⅴ	吕梁河	178	210	388	179	20	1 400	1 599	22	2 009	0
	清潩河	Ⅵ	石梁河	142	353	495	738	60	1 798	2 596	20	3 111	0
	合计			2 477	2 101	4 578	8 311	1 056	11 911	21 276	1 509	27 362	4 922
75%	颍河	Ⅰ	颍河上游	198	479	677	1 426	96	2 190	3 712	23	4 412	0
		Ⅱ	颍河下游	1 566	582	2 148	4 477	748	6 403	11 628	1 398	15 174	4 922
		Ⅲ	涌泉河	55	132	187	448	28	133	609	6	801	0
	北汝河	Ⅳ	蓝河	338	345	683	1 043	103	954	2 100	40	2 823	0
		Ⅴ	吕梁河	178	210	388	179	20	1 555	1 754	22	2 164	0
	清潩河	Ⅵ	石梁河	142	353	495	738	60	1 997	2 796	20	3 310	0
	合计			2 477	2 101	4 578	8 311	1 054	13 233	22 598	1 509	28 685	4 922

表 4-22 禹州市各分区 2025 年需水预测量分析结果（方案二）

单位：万 m³

保证率	分区			需水预测量										
				生活			生产					河道外生态	总计	河道内生态
				城镇	农村	合计	工业	建筑业及第三产业	农业灌溉	合计				
50%	颍河	Ⅰ	颍河上游	198	479	677	1 107	96	1 245	2 448	23	3 149	0
		Ⅱ	颍河下游	1 566	582	2 148	3 712	748	3 536	7 995	1 398	11 541	4 922
		Ⅲ	涌泉河	55	132	187	358	28	71	456	6	649	0
	北汝河	Ⅳ	蓝河	338	345	683	810	103	671	1 583	40	2 306	0
		Ⅴ	吕梁河	178	210	388	143	20	1 050	1 212	22	1 622	0
	清潩河	Ⅵ	石梁河	142	353	495	589	60	1 357	2 006	20	2 521	0
	合计			2 477	2 101	4 578	6 719	1 054	7 929	15 702	1 509	21 788	4 922
75%	颍河	Ⅰ	颍河上游	198	479	677	1 107	96	1 383	2 586	23	3 287	0
		Ⅱ	颍河下游	1 566	582	2 148	3 712	748	3 929	8 388	1 398	11 934	4 922
		Ⅲ	涌泉河	55	132	187	358	28	79	464	6	657	0
	北汝河	Ⅳ	蓝河	338	345	683	810	103	745	1 658	40	2 381	0
		Ⅴ	吕梁河	178	210	388	143	20	1 166	1 329	22	1 739	0
	清潩河	Ⅵ	石梁河	142	353	495	589	60	1 508	2 157	20	2 672	0
	合计			2 477	2 101	4 578	6 719	1 054	8 810	16 583	1 509	22 669	4 922

表 4-23　禹州市各分区 2030 年需水预测量分析结果

单位：万 m³

保证率	分区		需水预测量							河道外生态	总计	河道内生态
			生活			生产						
			城镇	农村	合计	工业	建筑业及第三产业	农业灌溉	合计			
50%	颍河	Ⅰ 颍河上游	326	517	842	1 102	74	1 208	2 384	39	3 265	0
		Ⅱ 颍河下游	2 056	534	2 590	3 794	897	3 462	8 152	1 515	12 258	4 922
		Ⅲ 涌泉河	91	142	233	366	17	69	453	10	696	0
	北汝河	Ⅳ 蓝河	482	355	837	750	65	648	1 463	58	2 358	0
		Ⅴ 吕梁河	258	217	475	123	12	1 013	1 148	33	1 655	0
	清潩河	Ⅵ 石梁河	233	380	613	582	36	1 320	1 938	33	2 584	0
		合计	3 444	2 146	5 590	6 718	1 100	7 720	15 538	1 689	22 817	4 922
75%	颍河	Ⅰ 颍河上游	326	517	842	1 102	74	1 342	2 518	39	3 399	0
		Ⅱ 颍河下游	2 056	534	2 590	3 794	897	3 846	8 537	1 515	12 642	4 922
		Ⅲ 涌泉河	91	142	233	366	17	77	461	10	704	0
	北汝河	Ⅳ 蓝河	482	355	837	750	65	720	1 535	58	2 430	0
		Ⅴ 吕梁河	258	217	475	123	12	1 125	1 260	33	1 768	0
	清潩河	Ⅵ 石梁河	233	380	613	582	36	1 467	2 084	33	2 731	0
		合计	3 446	2 145	5 590	6 718	1 100	8 578	16 396	1 689	23 675	4 922

4.5.2　需水预测合理性分析

需水预测结果表明,由于人口的增长以及经济的快速发展,禹州市需水量逐步增加,50%灌溉设计保证率下2025年和2030年总需水量分别由基准年的23 563万 m³增加到21 788万 m³和22 817万 m³(方案二)。需水结构分析结果可见表4-24。

表4-24　50%灌溉设计保证率下禹州市不同水平年需水量分析结果(方案二)

需水分类		基准年		2025 年		2030 年	
		需水量/万 m³	占总量/%	需水量/万 m³	占总量/%	需水量/万 m³	占总量/%
生活	城镇	1 247	5.3	2 477	11.4	3 444	15.1
	农村	2 140	9.1	2 101	9.6	2 146	9.4
	小计	3 387	14.4	4 578	21.0	5 590	24.5
生产	工业	6 134	26.0	6 719	30.8	6 718	29.4
	农业灌溉	11 911	50.5	7 929	36.4	7 720	33.8
	第三产业	776	3.3	1 054	4.8	1 100	4.8
	小计	18 819	79.8	15 702	72.0	15 538	68.0
生态	河道外	1 357	5.8	1 509	6.9	1 689	7.4
合计		23 563	100	21 788	100	22 817	100

由表4-24可知,禹州市城镇生活需水量占总需水量的比例由基准年的5.3%分别增加到2025年的11.4%和2030年的15.1%,随着城镇化率和人民生活水平的逐步提高,城镇生活需水量呈增长趋势是合理的。农村生活需水量包括牲畜需水量和农村居民生活需水量,随着牲畜数量的增加,牲畜需水定额保持不变,牲畜需水量呈增加趋势,农村居民生活需水量则由基准年的1 272万 m³,降低到2025年的1 217万 m³和2030年的1 240万 m³,分别减少了55万 m³、32万 m³,随着农村人口逐步进入城镇,农村居民生活需水量呈降低趋势是合理的。工业需水量由基准年的26.0%,提高到2025年的30.8%和2030年的29.4%,未来随着节水技术的推广和深入,工业用水效率不断提升,工业需水量下降的趋势是合理的。随着对灌区进行节水改造和配套完善、高效节水面积发展和农业种植结构的调整,农业灌溉需水量将有所减少,因此农业灌溉需水量占总需水量的比例由基准年的50.5%分别降低到2025年的36.4%和2030年的33.8%,呈减少趋势是合理的。河道外生态需水量由基准年的1 357万 m³,分别增加到2025年的1 509万 m³和2030年的1 689万 m³,适度增加是合理的。基准年、2025年和2030年禹州市各部门用水结构分布见图4-2~图4-4。

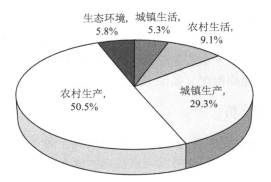

图 4-2　基准年禹州市用水结构分析结果

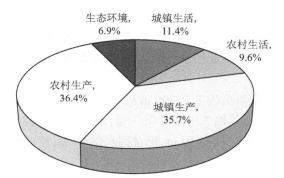

图 4-3　2025 年禹州市用水结构分析结果

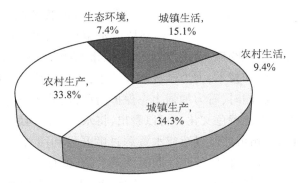

图 4-4　2030 年禹州市用水结构分析结果

4.6　基于水资源刚性约束的多水源可供水量预测

　　禹州市水资源贫乏,合理利用各种水源和供水工程对于缓解水资源供需矛盾具有重要意义。研究发现,禹州市可用水源包括地表水、地下水、南水北调来水等常规水源,以及矿井疏干水、再生水、雨水等非常规水源。其中,矿井疏干水具有典型的区域性,是禹州代表性水源之一。如何在水资源总量约束下实现生态–环境–社会–经济的均衡发展是需要研究的重要内容。因此,本书分解式识别了区域地表水源、地下水源、非常规水源,特别剖析了区域矿井水可利用量,基于水资源总量约束,科学预测并评估了禹州市不同水平年可供水量,为实现区域水资源均衡配置提供了支撑。

4.6.1　规划供水工程分析

供水工程作为水资源配置体系的重要组成部分,其生效与否会影响到区域水资源的配置能力。在预测可供水量前,需要对禹州市规划的供水工程进行调查分析。

4.6.1.1　沙陀调蓄水库

规划的沙陀调蓄水库坝址位于颍河干流白沙水库下游 26.2 km 处禹州市西北郊沙陀村。规划水库总库容 3 500 万 m³,其中兴利库容 2 600 万 m³,水库开发任务以调蓄南水北调中线水为主,兼顾供水、旅游等综合利用。沙陀调蓄水库建成后,可增强禹州市水资源调控能力,保障禹州市居民和工业用水,提高供水保证程度。

4.6.1.2　第四橡胶坝

在褚河镇东南湖村,距离禹州市界 700 m 处开展颍河第四橡胶坝前期工作,建设第四橡胶坝,营造景观水面,并与其他 3 座橡胶坝一起,形成颍河干流梯级水景观。第四橡胶坝坝顶高程 97 m,坝长 150 m,坝高 10 m,正常蓄水位 97 m,相应库容 670 万 m³。

4.6.2　多水源可供水量预测规则

基于“节水优先”和“生态保护”的要求,结合“黄河流域生态保护与高质量发展”的以水资源作为最大刚性约束原则,需严格按照最严格水资源管理制度要求的用水总量控制对可用水量进行预测。换言之,禹州市要坚持以水定城、以水定地、以水定人、以水定产,把水资源作为最大的刚性约束,合理规划人口、城市和产业发展,坚决抑制不合理的用水需求,大力发展节水产业和技术,大力推进农业节水,实施全社会节水行动,推动用水方式由粗放向节约集约转变;同时,着力加强生态保护治理,促进区域高质量发展、改善人民群众生活、保护传承弘扬当地特色文化。可以看出,将水资源作为最大的刚性约束是其中最为核心的内容。过去禹州市之所以造成水资源过度开发利用,根本上就是没有以水定需,而是以需定水。禹州市具有其特殊性,既有外调水源,也有本地特有的矿井疏干水,应以 2025 年全市用水总量控制在 1.734 8 亿 m³ 以内、2030 年全市用水总量控制在 1.826 1 亿 m³ 以内为水资源刚性约束,来实现区域多水源可利用量的预测。

4.6.3　地表水可供水量预测

分析可知,2014 年,禹州市地表水供水约 0.58 亿 m³,其中蓄水工程供水量 0.37 亿 m³,占地表水总供水量的 63.8%;引水工程供水量 0.18 亿 m³,占地表水总供水量的 31.0%;提水工程供水量 0.03 亿 m³,占地表水总供水量的 5.2%。到未来水平年,禹州市地表水资源利用一方面在全面推进节水的基础上,实施引调水调蓄工程,规划在南水北调中线与颍河交汇处上游建设沙陀调蓄工程,同时充分利用过境水资源;另一方面在方案可行的基础上抬高纸坊水库兴利水位,提高地表水调蓄能力,增加水资源供给能力。从南水北调供水(外调水源)和禹州本地地表供水(本地水源)两方面对禹州市地表水可供水量进行预测。

4.6.3.1　南水北调水可供水量

南水北调中线工程禹州段出口为 16 号口门,位于禹州市郊西南的任坡村西总干渠右岸,根据《南水北调工程总体规划》《河南省南水北调城市水资源规划报告》《河南省南水北调受水区供水配套工程规划》,主要供禹州市生活和工业用水,年均分配水量 3 780 万 m³,水质达到《地表水环境质量标准》(GB 3838—2002)中Ⅱ类标准,可以满足禹州市南水北调配套工程对水源的水质、水量要求。禹州市在全面推进全市节水的基础上,实施引调水调蓄工程,在南水北调中线与颍河交汇处上游建设沙陀调蓄工程,充分利用过境水资源。

南水北调中线一期工程总调水 95 亿 m³,河南省分配水量 37.69 亿 m³,其中城市分配水量 31.36 亿 m³,扣除输水损失后,城市口门总供水 29.79 亿 m³,占总分配水量的31.36%。南水北调中线一期许昌市分配水量 2.26 亿 m³,其中禹州市分配水量为 3 780 万 m³,占许昌市总分水量的 16.73%。禹州市各水资源分区不同水平年南水北调可供水量见表 4-25。

表 4-25　禹州市各分区不同水平年南水北调可供水量　　　　单位:万 m³

分区			基准年	2025 年	2030 年
颍河	Ⅰ	颍河上游	0	0	0
	Ⅱ	颍河下游	0	2 780	2 780
	Ⅲ	涌泉河	0	0	80
北汝河	Ⅳ	蓝河	0	500	920
	Ⅴ	吕梁河	0	0	0
清潩河	Ⅵ	石梁河	0	0	0
合计			0	3 280	3 780

根据《河南省南水北调受水区供水配套工程规划》,南水北调中线工程禹州段 16 号口门主要供禹州市城区和神垕镇用水。其中禹州市城区年均分配水量 2 780 万 m³,通过建设禹州市南水北调水厂(设计供水能力 7.5 万 m³/d),并完善城区供水管网的配套改造,与禹州市第一水厂联合供水,满足城市生活和工业用水需求;神垕镇分配水量 1 000万 m³,经南水北调 16 号口门泵站提升到 116 m 处的神垕水厂,水厂分两期建设,一期日供水量 1.5 万 t,二期日供水量 3.0 万 t,通过铺设供水管网,可满足神垕镇区(含流动人口)及涌泉河部分居民生活生产用水。

4.6.3.2　当地地表水可供水量

禹州市境内较大的河流主要包括颍河、石梁河、蓝河以及吕梁河等,由于径流年际年内分配不均,当地水资源合理调配利用难度较大。截至 2014 年,禹州市已建成大、中、小型水库 35 座和颍河城区段 3 座橡胶坝,包括 1 座大型水库,1 座中型水库,12 座小(1)型水库和 21 座小(2)型水库,塘坝 157 座,集雨窖池 8 262 座,基准年当地地表水供水量为 0.58 亿 m³。近年来,禹州市境内部分河道断流现象日益严峻,未来在满足河流生态环境用水需求的前提下,通过提高径流调节能力和水资源调配水平,提高水资源利用效率,合理控制地表水资源开发利用程度。

2025 年规划新建工程主要包括第四橡胶坝等以及其他区域性的供水工程。通过进一步维护和调蓄地表水供水工程,预测 2025 年禹州市地表水可供水量为 7 755 万 m³, 2030 年地表水可供水量为 7 532 万 m³(见表 4-26)。

表 4-26　禹州市各分区不同水平年地表供水量预测结果　　　　单位:万 m³

分区			基准年	2025 年	2030 年
颍河	I	颍河上游	1 407	1 741	1 738
	II	颍河下游	5 548	3 829	3 984
	III	涌泉河	110	91	81
北汝河	IV	蓝河	861	518	148
	V	吕梁河	615	715	745
清潩河	VI	石梁河	621	861	836
合计			9 162	7 755	7 532

4.6.4　地下水可供水量预测

禹州市现有机电井 120 164 眼,其中规模以上机电井有 8 475 眼,占机电井总数的 7.1%;规模以下机电井有 111 689 眼,占机电井总数的 92.9%。现状地下水开采量为 6 885 万 m³,供水对象主要为城镇生活和工业,部分用于农业灌溉。

根据许昌市水资源管理"三条红线"控制要求,2025 年和 2030 年禹州市地下水可开发利用水资源约束值分别为 6 945 万 m³ 和 6 950 万 m³。禹州市各分区不同水平年地下水可供水量预测结果见表 4-27。

表 4-27　禹州市各分区不同水平年地下供水量预测结果　　　　单位:万 m³

分区			基准年	2025 年	2030 年
颍河	I	颍河上游	877	1 044	1 035
	II	颍河下游	3 110	2 755	3 137
	III	涌泉河	220	286	266
北汝河	IV	蓝河	586	618	419
	V	吕梁河	712	762	712
清潩河	VI	石梁河	1 380	1 480	1 381
合计			6 885	6 945	6 950

4.6.5　非常规水源可供水量预测

合理有效地利用非常规水,对于缓解禹州市水资源供需矛盾、改善生态环境具有十分重要的意义。禹州市非常规水源主要包括再生水(主要为污水处理再利用量)、矿井水和雨水等。

4.6.5.1　再生水

城镇工业、生活废污水进行深度处理后形成再生水,可用于对水质要求不高的工业冷却和城市绿化、道路喷洒、河湖补水等生态环境用水。废污水的再生利用不仅可改善水环境,而且可减少新鲜水的利用量。

目前,禹州市城区内建设有污水处理厂3座,处理能力13万 m^3/d(不含禹州市污水处理厂深度处理及中水回用工程)。截至2014年,禹州市污水处理再利用量1 332万 m^3,处理后的中水主要用于颍河干流河道景观补水和部分工业用水。

根据《许昌市城市总体规划》(2015—2030年)、《许昌市排水、污水处理、再生水利用和污泥处置设施专项规划(2015—2030年)》、《禹州市(中心城区)水生态文明城市试点实施方案》、《禹州市生态水系规划》等有关规划目标,结合禹州市实行最严格水资源管理制度要求,计划到2025年,全市实现废污水收集率达到90%,2030年达到90%;2025年污水处理回用率达到70%,2030年达到70%。

根据工业项目类型、生态环境对再生水的水质适应性等,落实再生水利用数量和用途,预测到2025年和2030年禹州市再生水利用量分别为2 018万 m^3 和2 883万 m^3,主要集中利用于禹州市城区(见表4-28)。

表4-28　禹州市不同水平年各分区再生水供水量预测结果　　　　单位:万 m^3

分区			基准年	2025年	2030年
颍河	I	颍河上游	0	0	135
	II	颍河下游	1 332	1 725	2 147
	III	涌泉河	0	0	0
北汝河	IV	蓝河	0	146	411
	V	吕梁河	0	62	75
清潩河	VI	石梁河	0	85	115
合计			1 332	2 018	2 883

4.6.5.2　矿井水

煤炭开采伴随着矿井水的存在,矿井水经混凝沉淀后,浊度、色度、氟化物、硬度大大降低。另外,Pe、Mn、SO_4^{2-} 矿化度也得到部分去除,可满足洗煤、冷却和绿化等用水水质要求。矿井水的开发利用,不但可减少废水排放量,而且节省大量新鲜水,达到节约水资源的目的。未来,要对矿井疏干水利用采取统一规划、统一分配、统一管理的策略,以提高利用率。

调查可知,禹州市现状已建成矿井68座,年生产能力788.5万t。根据调查新龙公司煤矿、龙屯煤矿等矿井资料分析,禹州市煤矿吨煤涌水量约为5 m³,考虑一定的回用系数后,现状矿井水可利用量约1 319万 m³。禹州市可利用矿井疏干水主要来自煤矿矿区井下排水,排出后进入调节沉淀池预沉,然后进行混凝沉淀处理,再经气浮、过滤及消毒处理后,达到选煤补充水和井下消防洒水用水水质标准,同时达到《城市污水再生利用 城市杂用水水质》(GB/T 18920—2020)标准中的清洗道路、城市绿化标准后,进行复用。

根据《河南省煤炭行业化解过剩产能实现脱困发展总体方案》,2016~2018年河南省计划关闭退出产能6 254万t,涉及矿井256座,其中禹州市化解过剩产能关闭煤矿共计19座。河南省禹州市印发《关于着力打好煤炭工业"四张牌"五年行动计划的通知》,着力打好煤炭产业结构优化升级、安全发展、煤炭市场规范提升、构建和谐矿区"四张牌",努力保持全市煤炭工业安全健康发展的良好态势。在打好煤炭产业结构优化升级上,该市进一步推进平禹煤电、永锦能源、神火等煤业集团的产能升级改造,实现上档升级。同时强力实施以煤为本、多业并举、综合发展的战略,充分合理配置煤炭、煤系伴生物、煤矸石、矿井水等资源。由此,禹州市未来水平年矿井疏干水利用量维持基准年不变。禹州市不同水平年各分区矿井水供水量预测结果见表4-29。

表4-29　禹州市不同水平年各分区矿井水供水量预测结果　　　单位:万 m³

分区			基准年	2025 年	2030 年
颍河	Ⅰ	颍河上游	282	282	282
	Ⅱ	颍河下游	124	124	124
	Ⅲ	涌泉河	228	228	228
北汝河	Ⅳ	蓝河	361	361	361
	Ⅴ	吕梁河	150	150	150
清潩河	Ⅵ	石梁河	174	174	174
合计			1 319	1 319	1 319

4.6.5.3　雨水

雨水利用是指在一定范围内,采用各种集雨工程措施对雨水资源进行收集、净化和利用。分析可知,禹州市多年平均降水量为665 mm,雨水资源相对丰富。禹州市具备雨水利用的条件,目前全市集雨工程主要包括农村水窖、雨水调蓄池、湿地等,集雨工程相对分散,主要用水对象是农村居民、牲畜用水和零散地块的灌溉。根据禹州市水利普查成果,禹州市共有集雨水窖8 262个,主要集中在颍河上游区、石梁河、蓝河和涌泉河上游地区,基准年雨水收集利用量约2.58万 m³。

在进行集雨工程可供水量预测时,只进行集雨工程中人畜用水部分的可供水量预测,对于农村中房前屋后周边零散地块灌溉用水不统计在内。考虑随着农村人饮安全工程的实施,未来不再新建用于农村人畜用水的集雨工程,未来水平年保持现状集雨工程数量和供水量。禹州市不同水平年各分区雨水收集可供水量预测结果见表4-30。

表 4-30　禹州市不同水平年各分区雨水收集可供水量预测结果　　单位:万 m³

分区			基准年	2025 年	2030 年
颖河	I	颖河上游	0.79	0.79	0.79
	II	颖河下游	0.01	0.01	0.01
	III	涌泉河	0.36	0.36	0.36
北汝河	IV	蓝河	0.63	0.63	0.63
	V	吕梁河	0	0	0
清潩河	VI	石梁河	0.79	0.79	0.79
合计			2.58	2.58	2.58

4.6.5.4　区域非常规水可供水量分析

表 4-31 显示,2025 年水平禹州市非常规水源可供水量 3 339 万 m³,其中颖河下游分区 1 849 万 m³;2030 年水平禹州市非常规水源可供水量 4 204 万 m³,其中颖河下游分区 2 271万 m³。

表 4-31　禹州市各分区不同水平年非常规水源可供水量预测结果　　单位:万 m³

分区			基准年	2025 年	2030 年
颖河	I	颖河上游	282	282	417
	II	颖河下游	1 456	1 849	2 271
	III	涌泉河	229	229	229
北汝河	IV	蓝河	362	508	773
	V	吕梁河	150	212	225
清潩河	VI	石梁河	174	259	289
合计			2 653	3 339	4 204

4.6.6　水资源刚性约束下的城市多水源可供水量分析

根据供水水源发展情势,禹州市将加大水源工程和供水网络建设力度,加快城市供水配套工程、城市供水管网改造及其他集中供水设施建设,同时依托南水北调中线配套工程、当地水资源供水工程、矿井水和再生水供水工程等,构筑互联互通、相互调节、相互补充的水网工程体系,完善水资源配置格局,确保城市供水安全。通过对禹州市不同水平年本地地表水、外调水(南水北调中线)、地下水和非常规水源可供水量预测可知,在用水总量约束下,2025 年和 2030 年禹州市可供水总量分别为 21 319 万 m³ 和 22 516 万 m³(见表 4-32)。

表 4-32 禹州市各分区不同水平年年可供水量预测结果

单位：万 m³

	分区	基准年					2025 年					2030 年				
		地表水	南水北调中线	地下水	非常规水源	合计	地表水	南水北调中线	地下水	非常规水源	合计	地表水	南水北调中线	地下水	非常规水源	合计
颍河	I 颍河上游	1 407	0	877	282	2 566	1 741	0	1 044	282	3 067	1 728	0	1 035	417	3 180
	II 颍河下游	5 548	0	3 110	1 456	10 114	3 829	2 780	2 755	1 849	11 213	3 984	2 780	3 137	2 271	12 172
	III 涌泉河	110	0	220	229	559	91	0	286	229	606	81	80	266	229	656
北汝河	IV 蓝河	861	0	586	362	1 809	518	500	618	508	2 144	208	920	419	773	2 320
	V 吕梁河	615	0	712	150	1 477	715	0	762	212	1 689	745	0	712	225	1 682
清潩河	VI 石梁河	621	0	1 380	174	2 175	861	0	1 480	259	2 600	836	0	1 381	289	2 506
合计		9 162	0	6 885	2 653	18 700	7 755	3 280	6 945	3 339	21 319	7 582	3 780	6 950	4 204	22 516

第 5 章　多水源空间均衡配置结果

针对禹州市水资源及其开发利用存在的主要问题,基于禹州市经济社会发展、多水源及工程条件等,采用多次分析的方法,通过多次反馈、协调与平衡,对禹州市水资源进行供需分析;通过山水林田湖草协同发展理念,以多水源联合、多种策略并举来实现区域水资源均衡配置,提高水资源承载能力,缓解禹州市水资源供需矛盾。本章内容主要从以下两个方面展开:

(1)根据需水预测和供水分析成果,开展不同水平年供需平衡分析,计算各分区的缺水量及缺水过程,一方面可明晰区域水资源供需形势,另一方面可为进一步配置各分区水资源量提供基础。

(2)区域主要河流水资源均衡配置方案。禹州市境内主要河流有颍河、石梁河、蓝河等,根据主要河流水资源和生态环境状况,通过水资源均衡配置模型,合理分配河道内外用水量,提出禹州市各计算分区、各用水户的水资源配置方案,实现水资源可持续利用。

5.1　水资源供需分析

5.1.1　多水源供需分析条件

采用典型年算法,按照拟定的计算条件,分别进行不同水平年各节点供需平衡分析计算。在此基础上,计算分析禹州市各水资源分区水资源供需情况。

(1)禹州市水资源供需分析采用 1956~2014 年 59 年径流系列,以月为计算时段。根据禹州市水资源条件分析成果,禹州市多年平均天然入境水资源量为 0.91 亿 m^3,多年平均自产地表水资源量为 1.21 亿 m^3。

(2)入境水量计算分析时,与禹州市相关地区的用水量按照各自省(区)水资源管理"三条红线"进行控制;禹州市用水总量按照许昌市水资源管理"三条红线"指标控制,到 2025 年,禹州市用水总量控制在 1.798 0 亿 m^3 以内,到 2030 年,用水总量控制在 1.826 1 亿 m^3 以内。

(3)根据《禹州市国民经济和社会发展第十三个五年规划纲要》,参考河南省有关宏观战略规划,并严格执行水资源管理"三条红线"指标等规划水平年设置两个方案,方案一预计基准年至 2025 年经济增长率达到 9.7%,基本达到《禹州市国民经济和社会发展第十三个五年规划纲要》的目标任务;方案二预计基准年至 2025 年经济增长率为 7.0%。2030 水平年,在 2025 水平年推荐方案的基础上进行预测,GDP 增速为 5.1%。

5.1.2　多水源供需分析结果

禹州市不同水平年供需分析是在现状年供用水量分析评价成果的基础上,依据不同水平年需水与供水预测结果,按照来水频率50%和75%年份进行禹州市各分区水资源供需平衡分析,结果见表5-1。

表 5-1　禹州市不同水平年不同来水条件下供需分析结果

水平年	来水频率/%	供水量/万 m³		需水量/万 m³	缺水量/万 m³	缺水率/%
基准年	50	18 700		23 563	4 863	20.6
	75	17 460		24 885	7 425	29.8
2025 年	50	方案一	20 959	27 363	6 044	23.4
		方案二	21 319	21 788	469	2.2
	75	方案一	20 397	28 684	8 287	28.9
		方案二	20 197	22 670	2 272	10.9
2030 年	50	22 466		22 816	350	1.5
	75	21 439		23 674	2 235	9.4

5.1.2.1　区域多水源基准年供需平衡分析

1.50%来水频率供需平衡计算

基准年,禹州市总需水量为23 563 万 m³,50%来水频率情况下供水量为18 700 万 m³(其中地表水供水量9 162 万 m³,地下水供水量6 885 万 m³,非常规水源供水量2 653 万 m³),缺水量4 863 万 m³,缺水率为20.6%。

从水资源分区看,缺水量最大的为颍河下游区,缺水量为2 491 万 m³,缺水率为19.8%;其次为颍河上游区,缺水量为971 万 m³,缺水率为27.5%,其他分区缺水量相对较小(见表5-2)。

表 5-2　基准年禹州市 50%来水频率供需分析结果

分区		需水量/万 m³	供水量/万 m³				缺水量/万 m³	缺水率/%
			地表水	地下水	非常规水源	合计		
颍河	I 颍河上游	3 537	1 407	877	282	2 566	971	27.5
	II 颍河下游	12 605	5 548	3 110	1 456	10 114	2 491	19.8
	III 涌泉河	596	110	220	229	559	37	6.2
北汝河	IV 蓝河	2 214	861	586	362	1 809	405	18.3
	V 吕梁河	1 858	615	712	150	1 477	381	20.5
清潩河	VI 石梁河	2 753	621	1 380	174	2 175	578	21.0
	合计	23 563	9 162	6 885	2 653	18 700	4 863	20.6

2.75%来水频率供需平衡计算

基准年,禹州市总需水量为24 885 万 m³,75%来水频率情况下供水量为17 460 万 m³(其中地表水供水量为7 922 万 m³,地下水供水量为6 885 万 m³,非常规水源供水量2 653 万 m³),缺水量为7 425 万 m³,缺水率为29.8%。

从分区看,缺水量最大的为颍河下游区,缺水量为 3 956 万 m³,缺水率为 29.9%;其次为颍河上游区,缺水量为 1 351 万 m³,缺水率为 36.0%,其他分区缺水量相对较小(见表 5-3)。

表 5-3　基准年禹州市 75%来水频率供需分析结果

分区			需水量/万 m³	供水量/万 m³				缺水量/万 m³	缺水率/%
				地表水	地下水	非常规水源	合计		
颍河	Ⅰ	颍河上游	3 756	1 246	877	282	2 405	1 351	36.0
	Ⅱ	颍河下游	13 245	4 723	3 110	1 456	9 289	3 956	29.9
	Ⅲ	涌泉河	608	98	220	229	547	61	10.0
北汝河	Ⅳ	蓝河	2 309	846	586	362	1 794	515	22.3
	Ⅴ	吕梁河	2 015	502	712	150	1 364	651	32.3
清潩河	Ⅵ	石梁河	2 952	507	1 380	174	2 061	891	30.2
合计			24 885	7 922	6 885	2 653	17 460	7 425	29.8

5.1.2.2　区域多水源 2025 年供需平衡分析

1.50%来水频率供需平衡计算

方案一:2025 年水平,禹州市总需水量为 27 363 万 m³,50%来水频率情况下供水量为 20 959 万 m³(其中地表水供水量为 7 755 万 m³,南水北调中线供水量为 3 280 万 m³,地下水供水量为 6 945 万 m³,非常规水源供水量为 2 979 万 m³),缺水量为 6 404 万 m³,缺水率 23.4%(见表 5-4)。

表 5-4　2025 年禹州市 50%来水频率供需分析结果(方案一)

分区			需水量/万 m³	供水量/万 m³					缺水量/万 m³	缺水率/%
				地表水	南水北调	地下水	非常规水源	合计		
颍河	Ⅰ	颍河上游	4 193	1 741	0	1 044	282	3 067	1 126	26.9
	Ⅱ	颍河下游	14 534	3 829	2 780	2 755	1 489	10 853	3 681	25.3
	Ⅲ	涌泉河	788	91	0	286	229	606	182	23.1
北汝河	Ⅳ	蓝河	2 728	518	500	618	508	2 144	584	21.4
	Ⅴ	吕梁河	2 009	715	0	762	212	1 689	320	15.9
清潩河	Ⅵ	石梁河	3 111	861	0	1 480	259	2 600	511	16.4
合计			27 363	7 755	3 280	6 945	2 979	20 959	6 404	23.4

从表 5-4 可以看出,该方案总体缺水量较大,其中缺水量最大的分区是颍河下游区,缺水量为 3 681 万 m³,缺水率为 25.3%;缺水率最大的分区是颍河上游区,缺水量为 1 126 万 m³,缺水率为 26.9%。

方案二:2025 年水平,禹州市总需水量为 21 788 万 m³,50%来水频率情况下供水量为 21 319 万 m³(其中地表水供水量为 7 755 万 m³,南水北调中线供水量为 3 280 万 m³,地下水供水量为 6 945 万 m³,非常规水源供水量为 3 339 万 m³),缺水量为 469 万 m³,缺水率 2.2%(见表 5-5)。

表 5-5　2025 年禹州市 50%来水频率供需分析结果(方案二)

分区			需水量/万 m³	供水量/万 m³					缺水量/万 m³	缺水率/%
				地表水	南水北调	地下水	非常规水源	合计		
颍河	Ⅰ	颍河上游	3 149	1 741	0	1 044	282	3 067	82	2.6
	Ⅱ	颍河下游	11 541	3 719	2 780	2 955	1 899	11 353	188	1.6
	Ⅲ	涌泉河	649	91	0	286	229	606	43	6.6
北汝河	Ⅳ	蓝河	2 306	608	500	618	508	2 234	72	3.1
	Ⅴ	吕梁河	1 622	745	0	662	162	1 569	53	3.3
清潩河	Ⅵ	石梁河	2 521	851	0	1 380	259	2 490	31	1.2
合计			21 788	7 755	3 280	6 945	3 339	21 319	469	2.2

根据禹州市水资源条件和社会经济发展目标等,研究选择方案二作为推荐方案。

2.75%来水频率供需平衡计算

方案一:2025 年水平,禹州市总需水量为 28 684 万 m³,75%来水频率情况下供水量为 20 397 万 m³(其中地表水供水量为 6 833 万 m³,南水北调中线供水量为 3 280 万 m³,地下水供水量为 6 945 万 m³,非常规水源供水量为 3 339 万 m³),缺水量 8 287 万 m³,缺水率 28.9%(见表 5-6)。表 5-6 显示,该方案总体缺水量较大,缺水量最大的是颍河下游区,缺水量为 4 545 万 m³,缺水率为 30.0%;缺水率最大的分区是颍河上游区,缺水量为 1 493 万 m³,缺水率为 33.8%。

表 5-6　2025 年禹州市 75%来水频率供需分析结果(方案一)

分区			需水量/万 m³	供水量/万 m³					缺水量/万 m³	缺水率/%
				地表水	南水北调	地下水	非常规水源	合计		
颍河	Ⅰ	颍河上游	4 412	1 603	0	1 034	282	2 919	1 493	33.8
	Ⅱ	颍河下游	15 174	3 265	2 780	2 735	1 849	10 629	4 545	30.0
	Ⅲ	涌泉河	801	58	0	316	229	603	199	24.8
北汝河	Ⅳ	蓝河	2 823	422	500	618	508	2 048	775	27.5
	Ⅴ	吕梁河	2 164	729	0	762	212	1 703	461	21.3
清潩河	Ⅵ	石梁河	3 310	756	0	1 480	259	2 495	814	24.6
合计			28 684	6 833	3 280	6 945	3 339	20 397	8 287	28.9

方案二:2025 年水平,禹州市总需水量为 22 670 万 m³,75%来水频率情况下供水量为 20 197 万 m³(其中地表水供水量为 6 633 万 m³,南水北调中线供水量为 3 280 万 m³,地下水供水量为 6 945 万 m³,非常规水源供水量为 3 339 万 m³),缺水量 2 473 万 m³,缺水率 10.9%(见表 5-7)。

表 5-7　2025 年禹州市 75%来水频率供需分析结果(方案二)

分区		需水量/万 m³	供水量/万 m³					缺水量/万 m³	缺水率/%
			地表水	南水北调	地下水	非常规水源	合计		
颍河	Ⅰ 颍河上游	3 287	1 403	0	1 034	282	2 719	568	17.3
	Ⅱ 颍河下游	11 934	3 265	2 780	2 735	1 849	10 629	1 305	10.9
	Ⅲ 涌泉河	657	58	0	316	229	603	54	8.2
北汝河	Ⅳ 蓝河	2 381	422	500	618	508	2 048	333	14.0
	Ⅴ 吕梁河	1 739	729	0	762	212	1 703	36	2.1
清潩河	Ⅵ 石梁河	2 672	756	0	1 480	259	2 496	176	6.6
合计		22 670	6 633	3 280	6 945	3 339	20 197	2 473	10.9

5.1.2.3　区域多水源 2030 年供需平衡分析

1.50%来水频率供需平衡计算

2030 年水平,禹州市总需水量为 22 816 万 m³,50%来水频率情况下供水量为 22 466 万 m³(其中地表水供水量 7 532 万 m³,南水北调中线水供水量 3 780 万 m³,地下水供水量 6 950 万 m³,非常规水源供水量 4 204 万 m³),缺水量 350 万 m³,缺水率 1.5%(见表 5-8)。表 5-8 显示,缺水量最大的是石梁河,缺水量为 78 万 m³,缺水率为 3.0%;缺水率最大的分区是涌泉河,缺水量为 40 万 m³,缺水率为 5.7%。

表 5-8　2030 年禹州市 50%来水频率供需分析结果

分区		需水量/万 m³	供水量/万 m³					缺水量/万 m³	缺水率/%
			地表水	南水北调	地下水	非常规水源	合计		
颍河	Ⅰ 颍河上游	3 265	1 738	0	1 035	417	3 190	75	2.3
	Ⅱ 颍河下游	12 258	3 984	2 780	3 167	2 271	12 202	56	0.5
	Ⅲ 涌泉河	696	81	80	266	229	656	40	5.7
北汝河	Ⅳ 蓝河	2 358	148	920	439	773	2 280	78	3.3
	Ⅴ 吕梁河	1 655	745	0	662	225	1 632	23	1.4
清潩河	Ⅵ 石梁河	2 584	836	0	1 381	289	2 506	78	3.0
合计		22 816	7 532	3 780	6 950	4 204	22 466	350	1.5

2.75%来水频率供需平衡计算

2030 年水平,禹州市总需水量为 23 674 万 m³,禹州市 75%来水频率情况下供水量为 21 439 万 m³(其中地表水供水量为 6 505 万 m³,南水北调中线供水量为 3 780 万 m³,地下水供水量为 6 950 万 m³,非常规水源供水量为 4 204 万 m³),缺水量为 2 235 万 m³,缺水率 9.4%(见表 5-9)。从表 5-9 中可以看出,缺水量和缺水率最大的是颍河下游区,缺水量 1 228 万 m³,缺水率 9.7%;其次是颍河上游区,缺水量 339 万 m³,缺水率 9.9%。

表 5-9　2030 年禹州市 75%来水频率供需分析结果

分区		需水量/万 m³	供水量/万 m³					缺水量/万 m³	缺水率/%
			地表水	南水北调	地下水	非常规水源	合计		
颍河	Ⅰ 颍河上游	3 399	1 608	0	1 035	417	3 060	339	9.9
	Ⅱ 颍河下游	12 642	3 186	2 780	3 177	2 271	11 414	1 228	9.7
	Ⅲ 涌泉河	704	61	80	266	229	636	68	9.7
北汝河	Ⅳ 蓝河	2 430	132	920	409	773	2 234	196	8.1
	Ⅴ 吕梁河	1 768	729	0	672	225	1 626	142	8.0
清潩河	Ⅵ 石梁河	2 731	789	0	1 391	289	2 469	262	9.6
合计		23 674	6 505	3 780	6 950	4 204	21 439	2 235	9.4

5.2　多水源均衡配置约束条件

5.2.1　水库调度约束

水库调节的任务是使来水尽可能满足各部门各类用水的需求。本次规划禹州市需要进行调节计算的水库分别有白沙水库和纸坊水库。水库运行规则模拟是将水库库容划分为若干个蓄水层,将各层蓄水按需水对待,分别给定各层蓄水的优先序,并与水库供水范围内各用户供水的优先序组合在一起,指导水库的蓄泄。

(1)水库蓄水层划分。划分水库蓄水层的目的是更好地模拟给定的运行规则。通过一组水库水位将一个水库分为多个蓄水层,这组水位应包括死水位、汛期限制水位、正常蓄水位等特征水位。水库蓄水按需水对待,每一蓄水层都有其优先序。

(2)单一水库蓄泄原则:为保证水库本身安全,水库汛期蓄水不允许超过汛期限制水位,非汛期不超过正常蓄水位;根据水库各蓄水层的优先序、水库供水范围内的需水要求及其优先序确定水库蓄泄水量;若水库下游某些断面有最小流量要求且未被满足,水库须加大泄水予以满足。水库的蓄水优先序设置原则为先蓄上游后蓄下游,补水先放下游水库后放上游水库。

(3)水库群调节原则。水库群中各水库蓄泄原则与单一水库的蓄泄原则相似,不同之处在于水库群调节中,要根据库群内所有蓄水层的优先序高低决定群内哪些水库蓄水及相应蓄水量、哪些水库放水及相应放水量。

特别地,研究构建了水库调度模型,模型对每个水库都设置了 11 个水位,分 11 个蓄水层。死水位以下为第一蓄水层,用以代表死库容,优先序最高,以保证死库容在任何情况下都不被动用。每个水库都有一个以年为周期的调度图指导其运行,调度线将水库分为若干区域,一般形式是在水库兴利水位(汛期为防洪限制水位)和死水位之间,依次有防弃水线和防破坏线控制,从而将水库运行区域分成防弃水区、正常工作区和非正常工作区三部分。根据确定的不同优先级用水户,设定生活调度线、工业调度线和农业调度线。

当水库水位落在防弃水区时,水库尽可能多供水,减少未来时期出现弃水的可能性。水位落在正常工作区时,水库按正常需要供水,除满足生活、工业需水外,还满足农业用水要求。水位落在非正常工作区时,限制水库供水,首先保证生活用水,其次是工业用水,最后是农业用水。

5.2.2　多水源多用户供用水优先序约束

需水满足的先后次序即供水优先次序,需水中优先满足城镇生活需水、农村生活需水、牲畜需水,其次是河道内外生态需水、重点工业需水、一般工业需水、农业需水。

不同行业对供水水质的要求不同,按照现阶段的用水质量标准,Ⅴ类或劣于Ⅴ类的水资源只能用于发电、航运以及河口生态系统供水或作为弃水;Ⅳ类水可以供工业、农业及一般生态系统;Ⅲ类水及优于Ⅲ类的水可以供各行各业使用。在优质水水量有限的条件下,在配置过程中为了满足各行各业的需水要求,需要实行分质供水,即优质水优先满足水质要求高的生活和工业的需要,然后满足农业和生态环境的需要。由此,禹州市用水应优先满足城乡居民生活用水和河道内外生态用水,其次满足工业用水,最后满足农业灌溉用水。

同时,禹州市河流来水年际年内变化大,部分地区地下水开采量接近或超过可利用量,水资源供需矛盾突出。未来水平年,水资源合理利用应处理好南水北调中线供水、当地地表水、地下水和非常规水之间的关系,充分利用过境水与当地水源供水,考虑到禹州市非常规水源利用潜力较大,要积极利用再生水、矿井水、雨水等非常规水源的水量。

根据可供水量预测,禹州市未来水平年供水措施包括对现有工程的挖潜配套,在建和规划的新建水源工程,再生水利用工程、矿井水利用工程和集雨工程等。规划供水源包括地表水、地下水、非常规水(包括再生水、矿井水、雨水)等,以颍河干流一坝的蓄水作为应急水源。供水对象包括城镇生活、农村生活、农业、一般工业、能源化工工业、建筑业及第三产业与生态环境等不同行业用水,禹州市多水源配置关系可见图5-1。

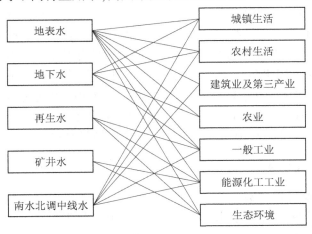

图 5-1　禹州市多水源配置关系

在进行禹州市多水源配置时,有以下约束条件:生活用水对水质要求较高,以南水北调中线水为主水源,当地地下水和地表水为辅助水源;工业和第三产业用水以地下水为主,再生水和矿井水等非常规水源利用为辅助水源;农业灌溉用水以地表水、地下水为主水源,以矿井水、雨水作为补充;生态环境用水以再生水、矿井水、雨水为主水源,当地地表水作为辅助水源;深层地下水主要作为应急供水水源。

5.3　多水源均衡配置结果

利用构建的城市多水源均衡配置模型,对禹州市水资源进行均衡优化配置。

5.3.1　多水源整体配置结果

2025 年和 2030 年禹州市多水源整体均衡配置结果分别见表 5-10 和表 5-11。

2025 年水平,配置河道外水量 21 319 万 m^3,其中地表水 7 755 万 m^3,占 36.4%;地下水 6 945 万 m^3,占 32.6%;南水北调中线水量 3 280 万 m^3,占 15.3%;非常规水源 3 339 万 m^3,占 15.7%。2030 年水平,配置河道外水量 22 466 万 m^3,其中地表水 7 532 万 m^3,占 33.6%;地下水 6 950 万 m^3,占 30.9%;南水北调中线水 3 780 万 m^3,占 16.8%;非常规水源 4 204 万 m^3,占 18.7%。

2025 年水平,配置生活用水量 4 578 万 m^3,占总用水量的 21.5%;配置第三产业用水量 1 054 万 m^3,占 4.9%;配置工业用水量 6 719 万 m^3,占 31.5%;配置农业灌溉用水量 7 458万 m^3,占 35.0%;配置生态环境用水量 1 509 万 m^3,占 7.1%。2030 年水平,配置生活用水量 5 590 万 m^3,占总用水量的 24.9%;配置第三产业用水量 1 100 万 m^3,占 4.9%;配置工业用水量 6 718 万 m^3,占 29.9%;配置农业灌溉用水量 7 370 万 m^3,占 32.8%;配置生态环境用水量 1 688 万 m^3,占 7.5%。其中,颍河下游区 2025 年、2030 年配置水量分别为 11 353 万 m^3 和 12 202 万 m^3,缺水量分别为 188 万 m^3 和 56 万 m^3,均缺在农业灌溉,城区生活、工业、建筑业及第三产业、生态环境等用水均能满足。

颍河下游市区段二、三橡胶坝水面面积为 1.83 km^2,估算其河渠生态需水量 4 921 万 m^3,由北关橡胶坝下泄水量供给。分析可知,1986~2013 年北关橡胶坝多年平均下泄水量 8 696 万 m^3,研究采用 2001~2013 年北关橡胶坝下泄年均 5 399 万 m^3,扣除第一水厂现状用水量和 2025 年用水量差值,以及颍北河湖生态用水 580 万 m^3 作为北关橡胶坝 2025 年下泄水量。优化计算结果显示,2025 年北关橡胶坝下泄水量 4 801 万 m^3,再加上城区河道退水入流 944 万 m^3,进入第二、三橡胶坝水量为 5 745 万 m^3,可以满足颍河干流市区段生态用水需求。同样,2030 年生态用水量也能满足要求。

5.3.2　分水源配置结果

5.3.2.1　地表水均衡配置方案

通过进一步维护和调蓄地表水供水工程,预测 2025 年禹州市当地地表水可供水量为 7 755 万 m^3,2030 年当地地表水可供水量为 7 532 万 m^3。禹州市当地地表水不同水平年均衡配置细化方案见表 5-12。

表 5-10　禹州市 2025 年多水源均衡配置方案

单位：万 m³

分区			供水量					用水量					
			地表水	南水北调中线水	地下水	非常规水源	合计	生活	工业	第三产业	农业灌溉	生态环境	合计
颍河	I	颍河上游	1 741	0	1 044	282	3 067	677	1 107	96	1 164	23	3 067
颍河	II	颍河下游	3 719	2 780	2 955	1 899	11 353	2 148	3 712	748	3 347	1 398	11 353
颍河	III	涌泉河	91	0	286	229	606	187	358	28	27	6	606
北汝河	IV	蓝河	608	500	618	508	2 234	683	810	103	598	40	2 234
北汝河	V	吕梁河	745	0	662	162	1 569	388	143	20	996	22	1 569
清潩河	VI	石梁河	851	0	1 380	259	2 490	495	589	60	1 326	20	2 490
合计			7 755	3 280	6 945	3 339	21 319	4 578	6 719	1 054	7 458	1 509	21 319

表 5-11　禹州市 2030 年多水源均衡配置方案

单位：万 m³

分区			供水量					用水量					
			地表水	南水北调中线水	地下水	非常规水源	合计	生活	工业	第三产业	农业灌溉	生态环境	合计
颍河	I	颍河上游	1 738	0	1 035	417	3 190	842	1 102	74	1 133	39	3 190
颍河	II	颍河下游	3 984	2 780	3 137	2 271	12 172	2 590	3 794	897	3 406	1 515	12 202
颍河	III	涌泉河	81	80	266	229	656	233	366	17	30	10	656
北汝河	IV	蓝河	148	920	419	773	2 260	837	750	65	570	58	2 280
北汝河	V	吕梁河	745	0	712	225	1 682	475	123	12	989	33	1 632
清潩河	VI	石梁河	836	0	1 381	289	2 506	613	582	36	1 242	33	2 506
合计			7 532	3 780	6 950	4 204	22 466	5 590	6 718	1 100	7 370	1 688	22 466

表 5-12　禹州市当地地表水不同水平年均衡配置细化方案　　　单位:万 m³

分区			2025 年			2030 年		
			工业	农业	合计	工业	农业	合计
颍河	Ⅰ	颍河上游	577	1 164	1 741	604	1 133	1 738
	Ⅱ	颍河下游	882	2 947	3 829	882	3 102	3 984
	Ⅲ	涌泉河	63	28	91	53	28	81
北汝河	Ⅳ	蓝河	10	508	518	0	148	148
	Ⅴ	吕梁河	0	715	715	0	745	745
清潩河	Ⅵ	石梁河	0	861	861	0	836	836
合计			1 532	6 223	7 755	1 539	5 992	7 532

5.3.2.2　地下水配置方案

2025 年禹州市可开发利用地下水资源量为 6 945 万 m³,2030 年为 6 950 万 m³。禹州市地下水不同水平年均衡配置细化方案见表 5-13。

表 5-13　禹州市地下水不同水平年均衡配置细化方案　　　单位:万 m³

分区			2025 年					2030 年				
			生活	工业	农业	第三产业	合计	生活	工业	农业	第三产业	合计
颍河	Ⅰ	颍河上游	677	271	0	96	1 044	842	119	0	74	1 035
	Ⅱ	颍河下游	0	2 830	10	115	2 955	0	2 460	0	707	3 167
	Ⅲ	涌泉河	187	72	0	28	287	153	96	0	17	266
北汝河	Ⅳ	蓝河	183	331	0	103	617	0	439	0	0	439
	Ⅴ	吕梁河	388	143	111	20	662	475	123	52	12	662
清潩河	Ⅵ	石梁河	495	589	236	60	1 380	613	582	150	36	1 381
合计			1 930	4 236	357	422	6 945	2 083	3 819	202	846	6 950

5.3.2.3　南水北调中线水配置方案

南水北调中线年均分配禹州市水量 3 780 万 m³,水质可以达到《地表水环境质量标准》(GB 3838—2002)中Ⅱ类标准,可以满足禹州市南水北调配套工程对水源水质、水量的要求。禹州市在全面推进全市节水的基础上,充分利用南水北调中线水资源。禹州市南水北调中线水不同水平年均衡配置细化方案见表 5-14。

表 5-14　禹州市南水北调中线水不同水平年均衡配置细化方案　　　单位:万 m³

分区			2025 年			2030 年		
			生活	第三产业	合计	生活	工业	第三产业	合计
颍河	Ⅰ	颍河上游	0	0	0	0	0	0	0
	Ⅱ	颍河下游	2 148	632	2 780	2 590	0	190	2 780
	Ⅲ	涌泉河	0	0	0	80	0	0	80

续表 5-14

分区			2025 年			2030 年			
			生活	第三产业	合计	生活	工业	第三产业	合计
北汝河	IV	蓝河	500	0	500	837	19	64	920
	V	吕梁河	0	0	0	0	0	0	0
清潩河	VI	石梁河	0	0	0	0	0	0	0
合计			2 648	632	3 280	3 507	19	254	3 780

5.3.2.4　非常规水源配置方案

2025 年水平禹州市非常规水源可供水量 3 339 万 m^3，2030 年水平禹州市非常规水源可供水量 4 204 万 m^3。禹州市非常规水不同水平年均衡配置细化方案见表 5-15。

表 5-15　禹州市非常规水不同水平年均衡配置细化方案　　　　单位:万 m^3

分区			2025 年				2030 年			
			工业	农业	生态环境	合计	工业	农业	生态环境	合计
颍河	I	颍河上游	260	0	22	282	379	0	38	417
	II	颍河下游	0	451	1 398	1 849	452	304	1 515	2 271
	III	涌泉河	222	0	7	229	218	0	11	229
北汝河	IV	蓝河	468	0	40	508	293	422	58	773
	V	吕梁河	0	190	22	212	0	192	33	225
清潩河	VI	石梁河	0	240	20	259	0	257	32	289
合计			950	881	1 509	3 339	1 341	1 175	1 689	4 204

5.4　特殊干旱年份的抗旱应急对策

遭遇严重干旱或者特大干旱的年份,禹州市的地表水可供水量比正常年份将大幅减少。针对这些年份,水资源应急调配的对策主要包括压缩需求,挖掘供水潜力,增强水资源应急调配能力和制定应急预案。加强水资源需求管理,提高水资源利用效率,优化水资源配置,把节水作为抗旱的根本出路,适当压缩用水需求,进一步拓展和挖掘水利工程的供水能力,建设规模合理、标准适度的抗旱应急备用水源工程,保障城乡居民生活、重点工业企业的基本用水需求,基本保障口粮田、主要经济作物生长关键期的最基本用水需求。

(1)实施非充分灌溉、减少农业灌溉水量。为保证居民生活和重要行业部门正常合理的用水需求,在发生特殊干旱等极端事件时,通过采取农业非充分灌溉措施压低农业用水量,并实施农业灌溉多开采地下水,尽量减少对地表水的需求量。

(2)利用应急水源,挖掘供水潜力。维护好现有的应急水源地(第一水厂等),并按照轻重缓急,建设一批应急水源工程,以提高严重受旱区、主要受旱区综合抗旱能力为重点,因地制宜建设各种类型的抗旱应急备用水源工程。禹州市区经济发达,是带动全市区域经济发展的龙头地区,主要以地表水源和地下水源应急抗旱工程为主;其余各乡(镇)在现有水利工程建设的基础上,以人畜饮水安全的应急抗旱工程建设为重点,同时兴建一批田间地块的小水池,确保大秋作物苗期用水;山区以打井提水和兴建小水池、小水窖等应急抗旱工程为主。

在有水源条件或有地下水开发利用条件地区新建小型引提水工程和机井,保障旱期人畜饮水和基本生产用水。禹州市区和各乡(镇)抗旱主要考虑对已有水源工程整修和管网配套,新建输水、提水配套工程和调蓄工程,建设抗旱应急备用地下水工程和具有抗旱应急备用功能的小型水库工程,配置必要的机动抗旱运水设备等。建设和完善城市地表水、地下水、南水北调水以及非常规水源等多类型、多水源供水保障体系。

加强现有水利工程及输配水设施的养护和管理,在确保防洪安全、水资源高效利用的前提下,各类水源工程在正常年份尽量多引、多提、多拦、多蓄水量,合理储备水源。在丰水年份和正常年份,主要利用地表水,有效涵养地下水,使地下水储量逐步得以恢复;在特殊干旱年份,地表水量供给不足时,由地下水补充。适当增加浅层地下水开采和利用深层承压水作为应急水源;对于水质要求不高的用水部门,适当调整新鲜水和再生水的供水比例,增加矿井水等非常规水源的利用。

(3)建设分区水资源网络,增强水资源应急调配能力。推进各乡(镇)及重要产业集聚区双水源和多水源建设,积极安排与建设应急储备水源。形成地表水、地下水、南水北调水与再生水、矿井水等非常规水源的"多源互补",加强地下水合理开采和有效保护,加强水源地之间和供水系统之间的联合调配;形成供应保障、结构合理、稳定可靠、配置高效、覆盖城乡的区域供水保障体系。提高各区域特别是城镇和产业集聚区用水保证率,为特殊干旱年份提供稳定水源。

(4)合理确定园区规模,大力发展循环经济,推行节约用水。结合区域水资源条件,确定合理的园区产业规模,合理布局工业结构,减少对水资源的不合理需求。大力发展循环经济、推行节约用水。对新上工业项目按照国际先进工艺控制;促进工业企业节水改造,提倡清洁生产,逐步淘汰耗水量大、技术落后的工艺和设备,进一步加强需水管理,控制园区用水总量,推广节约用水新技术、新工艺,鼓励再生水利用。

(5)充分利用非工程措施。建设旱情监测预警系统。旱情监测预警系统主要包括旱情监测、分析评估、预警预报等内容。建设由旱情信息采集系统,旱情信息传输系统,旱情信息接收、处理、发布系统三部分组成的旱情监测系统。新建、补充和完善各类旱情信息监测站点和传输网络,整合已建监测站网及相关传输网络,提出旱情监测总体布局方案,保证全面、及时、准确掌握旱情信息。开展土壤墒情监测工作,为抗旱防灾提供科学的预测预报服务。

制定特殊干旱年份紧急情况下禹州市水资源管理和调度应急预案。进一步完善旱情紧急情况下的各级行政首长负责制,全市的抗旱工作由市人民政府主要领导负总责,各乡(镇)人民政府的主要领导对本辖区内的抗旱工作负责。强化水法规的宣传执行力度,有效保护抗旱工程设施。

5.5　多水源均衡配置保障措施

均衡配置方案是区域多水源科学分配和调度的基础,为充分发挥均衡配置方案在水资源开发、利用、节约、保护方面的引导作用,本书为区域多水源均衡配置的实施提出以下相关保障措施。

(1)以均衡配置方案为指导,全面推进水源工程建设。根据供水预测和水资源合理配置确定的供水目标、任务和要求以及不同地区的水资源条件,考虑技术经济因素、对生态环境的影响、不同水质的用水要求和非常规水源利用的可行性等,在充分发挥现有工程效益和供水能力的基础上,按照规划提出的新水源工程项目,加快资金筹措和工程建设,实施多样化的水源建设工程,提高再生水利用规模,提高区域水资源配置能力和调控水平,缓解水资源供需压力。

(2)明确水资源可利用总量,推进区域行业水量分配方案。根据禹州市水资源配置方案,明确各个乡(镇)和产业集聚区的用水权。通过落实水权和水量分配方案,进一步提出总量控制和管理的具体方案,促进落实各个区域在用水总量限定下的各类节水措施,推动整个社会的节水建设。

(3)协调水资源配置格局与区域经济发展布局的关系。通过政策和多种激励措施,确保区域产业结构布局与水资源条件和供水基础设施条件相匹配,达到资源高效、快捷、节约利用的目标,同时根据区域规划的发展变化优选出有益于经济布局的水利工程和合理的开源节流方式,建立节水产品认证和准入制度;建立与水资源时空分布格局相适应的产业布局,使产业规模与水资源配置格局相适应。

(4)推进市场化水资源配置体制,开源节流,实现用水公平前提下的高效配水。在明确水权基础上,实现用水权转换、水交易等市场化方案,使水资源真正变成具有战略地位的商品,最大限度地发挥水资源的效益。通过政策引导水量分配区域、行业间的交易交换方式。开展节水型社会建设,将节水与水资源保护相结合,提高水资源利用效率。对灌区进行节水改造,切实提高水资源利用效率,在降低耗水的同时增加作物产量和经济效益。

(5)实施严格的水源保护措施,加强水污染控制,保障水源安全。必须进一步加强禹州市水土保持、生态环境建设,设立相关保护区,有效保护饮用水源地和区域水域资源,对城乡重要饮用水源地实行重点保护,确保饮用水源水质达标率100%。必须加强生态环境和水源保护的建设,从水土保持做起,抓好林草体系建设和小流域水土保持综合治理。

在水资源管理中还要不断总结水资源需求出现的新情况、新问题,对水资源配置规划实行动态管理,适时进行修订完善,充分发挥规划在水资源开发、利用、保护、节约、配置方面的龙头地位,树立规划的权威,积极创造条件,分辨轻重缓急,全面推进配置方案的实施。

第6章　城市水资源保护与管理对策研究

6.1　水资源保护对策

6.1.1　地表水资源保护对策

　　用水过程中产生的排水会将生活、生产过程中产生的污染物带入河流湖泊等水体中,使天然水体中的污染物逐渐增多。虽然天然水体对进入水体的污染物具有一定的稀释、降解能力,但是当进入水体的污染物量超过水体自身的稀释降解能力后,水体就会出现污染,水污染不仅破坏了水环境,而且导致水质型缺水问题更为突出,也增加了水资源利用及调配的难度,加剧了水资源供需矛盾。水资源保护以水功能区为控制单元,以水功能区纳污能力为约束条件,控制流域废污水和污染物入河量,遏制水污染,根据分期目标要求,使之符合水域使用功能对水质的要求。需要根据经济发展预测结果与水资源配置方案对区域水功能区纳污能力、入河排污量进行预测,从而明确相应的入河排污量,最终制定具有适应性的区域地表水资源保护对策。

6.1.1.1　不同水平年纳污能力预测

1.2025 年

　　禹州市 2025 年地表水供水量由基准年的 5 819 万 m³ 增长至 7 755 万 m³,供水量增加了 1 936 万 m³。禹州市主要河流 75% 保证率最枯月流量较基准年有所减少。依据水资源均衡配置方案结果,计算得到禹州市 2025 年水域纳污能力,详见表6-1。

表 6-1　2025 年禹州市水功能区纳污能力预测结果　　　　　单位:t/a

序号	水资源分区		COD	氨氮
1	颍河	颍河上游	85.1	3.8
2		颍河下游	896.7	35.6
3		涌泉河	136.8	6.5
4	北汝河	蓝河	149.3	5.8
5		吕梁河	87.0	4.1
6	清潩河	石梁河	181.0	7.1
合计			1 535.9	62.9

2.2030 年

　　2025 年以后,考虑到禹州市来水量及其过程不会发生大的变化,而且当地地表水供水量变化不大,2030 年禹州市各水功能区纳污能力和 2025 水平年基本一致。

6.1.1.2　污染物排放量及入河量预测

污染物排放量预测包括城镇综合生活污水排放量和工业废污水排放量两部分。在需水预测结果的基础上,首先根据基准年的污水排放系数,考虑所选水平年城镇排污管网建设、污水排放方式和当地实际情况,综合分析确定水平年污水排放系数,采用水平年需水量和污水排放系数计算所选水平年废污水排放量;再结合基准年废污水中污染物平均浓度,考虑污水处理厂建设、工业达标排放水平等,确定水平年废污水中的污染物浓度,采用水平年废污水排放量和污染物浓度计算所选水平年污染物排放量。

1.排放水量确定

在废污水排放量预测中,城镇生活污水主要考虑了城镇居民生活及三产的废污水,工业废污水为一般工业废水量。

2.不同水平年生活、工业废污水排放系数确定

通过调查分析,基准年城镇生活污水排放系数为 0.85,2025 年、2030 年城镇生活污水排放系数为 0.7。基准年工业污水排放系数为 0.4,考虑实施最严格的水资源管理制度,所选水平年的用水效率将得到提高,工业污水排放系数将不断减小,近期(2025 年)工业污水排放系数采用 0.3,远期(2030 年)工业污水排放系数采用 0.2。

3.废污水达标、处理率确定

根据发展要求,预计 2025 年禹州市污水管网收集率为 90%,污水达标处理率为 95%,污水回用率为 70%;2030 年污水管网收集率为 90%,污水达标处理率为 100%,污水回用率为 70%。禹州市不同水平年城镇生活及工业废污水达标处理率见表 6-2。

表 6-2　禹州市不同水平年城镇生活及工业废污水达标处理率

水平年	管网收集率/%		达标处理率/%		回用率/%	
	城镇综合生活	工业	城镇综合生活	工业	城镇综合生活	工业
2025	90	90	95	95	70	70
2030	90	90	100	100	70	70

4.综合生活、工业污水污染物浓度确定

2025 年和 2030 年的城镇生活污水污染物浓度参考污水处理厂排放浓度予以确定。研究采用《城镇污水处理厂污染物排放标准》(GB 18918—2002)的规定限值,即城镇污水处理厂出水排入 GB 3838—2002 地表水Ⅲ类功能水域(划定的饮用水源保护区除外)时,执行一级标准的 A 标准(COD≤50 mg/L,氨氮≤5 mg/L),结合现状禹州市污水处理厂实际出水水质状况,确定 2025 年和 2030 年城镇污水处理厂出水浓度:COD 为 26 mg/L,氨氮为 3 mg/L。根据最严格水资源管理及禹州市污水处理厂设计标准要求,工业污染物排放浓度也按照《城镇污水处理厂污染物排放标准》(GB 18918—2002)的规定限值,执行一级标准的 A 标准(COD≤50 mg/L,氨氮≤5 mg/L)。

5.预测结果

禹州市 2025 年工业和生活需水量由基准年的 6 697.0 万 m³ 增长到 8 927.5 万 m³,需水量增加了 2 230.5 万 m³;2030 年工业和生活需水量由基准年的 6 697.0 万 m³ 增长到 9 940.8 万 m³,需水量增加了 3 243.8 万 m³,基于水资源均衡配置方案,禹州市不同水平年

废污水及主要污染物排放量预测结果见表 6-3 和表 6-4。水平年主要污染物的排放量为水平年生活污水和工业废水主要污染物排放量之和。

表 6-3　禹州市 2025 年污染物排放量及入河量预测结果

分区		废污水						污染物			
		排放量/万 t			入河量/万 t			排放量/t		入河量/t	
		生活	工业	合计	生活	工业	合计	COD	氨氮	COD	氨氮
颍河	颍河上游	205.7	332.1	537.8	175.9	283.9	459.8	1 445.9	161.2	187.7	19.5
	颍河下游	1 619.5	717.0	2 336.5	110.8	49.0	159.8	7 588.3	794.7	53.3	5.8
	涌泉河	57.6	107.4	165.0	49.2	91.8	141.0	433.6	48.7	58.7	6.1
北汝河	蓝河	309.1	243.0	552.1	153.3	120.5	273.8	1 660.6	178.2	100.1	10.6
	吕梁河	138.4	42.9	181.3	65.1	20.2	85.3	611.8	63.3	27.0	3.0
清潩河	石梁河	141.0	176.7	317.7	69.9	87.6	157.5	889.1	97.7	62.0	6.5
合计		2 471.3	1 619.1	4 090.4	624.2	653.0	1 277.2	12 629.3	1 343.8	488.8	51.5

表 6-4　禹州市 2030 年污染物排放量及入河量预测结果

分区		废污水						主要污染物			
		排放量/万 t			入河量/万 t			排放量/t		入河量/t	
		生活	工业	合计	生活	工业	合计	COD	氨氮	COD	氨氮
颍河	颍河上游	279.4	220.4	499.8	251.4	198.4	449.8	1 502.4	161.3	164.6	17.5
	颍河下游	2 066.9	494.4	2 561.3	148.8	35.6	184.4	8 843.0	909.0	56.5	6.2
	涌泉河	75.6	73.2	148.8	68.0	65.9	133.9	433.6	47.0	50.6	5.3
北汝河	蓝河	382.8	150.0	532.8	199.8	78.3	278.1	1 754.7	183.0	91.1	9.9
	吕梁河	188.8	24.6	213.4	93.5	12.2	105.7	766.8	77.9	30.4	3.4
清潩河	石梁河	187.8	116.4	304.2	98.1	60.8	158.9	946.6	100.5	55.9	6.0
合计		3 181.3	1 079.0	4 260.3	859.6	451.2	1 310.7	14 247.1	1 478.7	449.1	48.3

结果显示,2025 年禹州市废污水排放量为 4 090.4 万 t,COD、氨氮排放量分别为 12 629.3 t、1 343.8 t;2030 年废污水排放量为 4 260.3 万 t,COD、氨氮排放量分别为 14 247.1 t、1 478.7 t。2025 水平年废污水入河量将达到 1 277.2 万 t,COD 和氨氮入河量分别为 488.8 t、51.5 t;2030 水平年废污水入河量将达到 1 310.7 万 t,COD 和氨氮入河量分别为 449.1 t、48.3 t。

6.1.1.3　污染物入河控制量分析

1.控制原则

按照《全国水资源综合规划地表水资源保护补充技术细则》《全国重要江河湖泊水功能区纳污能力核定和分阶段限排总量控制方案技术大纲》的要求,结合禹州市经济社会发展现状及规划情况,在不影响水功能区水质,实现未来水功能区水质达标目标的条件下,依据水域纳污能力,综合确定 2025 年、2030 年入河污染物总量控制原则。

禹州市共划分 4 个水功能区,全部为重点水功能区。按照最严格水资源管理制度考核办法中河南省重要河流湖泊水功能区达标控制目标,禹州市纳入考核 3 个水功能区(除去排污控制区)2025 年与 2030 年达标目标均要求 100%。对于所选水平年,若入河控制量小于纳污能力,则入河量作为水功能区入河控制量;若入河控制量大于或等于纳污能力,则入河控制量等于纳污能力。

2.入河控制量

2025 水平年禹州市 COD、氨氮入河控制量分别为 488.8 t,51.4 t,较基准年减少 18.3%、14.1%;2030 年 COD、氨氮入河控制量分别为 449.0 t,48.3 t,较基准年减少 24.9%、19.2%。禹州市不同水平年污染物入河控制量见表 6-5。

表 6-5　禹州市不同水平年污染物入河控制量预测结果　　　　　单位:t

水平年	入河控制量	
	COD	氨氮
2025	488.8	51.4
2030	449.0	48.3

6.1.1.4　对策的提出

1.工程措施

(1)完善管网配套改造,提高污水收集处理率。禹州市老城区及城东新区排水管网已全部覆盖,老城区为雨污合流管道、城东新区已实现雨污分流。但是颍北新区和市区西部雨污管网铺设不完整,雨水按就近排放原则,部分经管道排入颍河,部分就近排入城区内河,导致局部河流污染严重,河流水功能降低。基准年禹州市污水处理规模达 13 万 m³/d,但实际处理量仅 8 万 m³/d,由于老城区雨污合流管网及颍北新区、城区西部雨污管网铺设不完整,城区仍存在污水散排直排现象,除神垕镇建有一座污水处理厂外,其他各乡(镇)均没有污水处理厂,污水未经处理直接排入沟渠或河道,严重破坏农村生态环境。今后应尽快完善污水管网及处理系统,扩大覆盖范围,提高各县(区)污水收集能力和处理效率。

(2)加强工业用水管理,提高重复利用率。禹州市资源优势明显,工业经济实力雄厚,拥有装备制造、能源、建材、钧瓷等支柱产业,形成钧陶瓷、发制品、食品、中药等特色产业。预测未来禹州市以低耗水行业为主,工业发展速度平稳,用水增幅不大。今后在严格执行用水计量控制的基础上提高工业用水重复利用率。对现有相关小型企业,鼓励其相互整合、联手经营,改造现有落后生产工艺,提高装备水平;新近企业应建设中水回用系统,选用节水设备,实行能源清洁生产和循环经济,提高水的重复利用率,减少工业废污水排放。

(3)河道疏浚清污综合治理。禹州市除颍河干流水质较好外,其余河流水质大部分为劣 V 类。禹州市秦北沟、梁北沟、小泥河、牛沟等河流部分河段底泥淤积严重,底泥中沉积了大量难降解的有机质、动植物腐烂物以及氮、磷营养物等。因此,即使其他污染源得到控制,底泥仍会使河水受到二次污染。为此,必须通过入河排污口整治、污水截流、疏浚河道及底泥清淤等综合治理措施,使水功能区水质得到稳定改善。

2.管理措施

1)完善水资源保护监督管理体系

根据最严格水资源管理制度的要求,建立健全禹州市水资源保护监督管理制度,把水量与水质、地方管理与企业管理、点面源防治管理紧密结合起来。加大企业用水、排污废力度及水资源保护投入,进一步强化禹州市入河排污口登记和审查制度。目前禹州市污水处理尚未纳入市水利局,水资源保护监督管理体制不够完善,今后应加强水质监测,不断加强水资源保护与污染防治的集中管理,实行统一领导、统一监督及统一监测。

2)加强入河排污口监督管理和排污口综合整治

加强入河排污口监督管理和排污口综合整治,开展入河排污口普查登记工作,对全市范围内直接或通过沟、渠、管道、泵站、涵闸等设施向河道、湖泊、渠道、水库排放污水的排污口及城镇集中入河排污口进行全面登记,分类管理;严格执行对新建、改建、扩建入河排污口的审批工作,坚持入河排污口审批与水功能区监督管理制度、取水许可制度及水域纳污能力等相结合,进一步严格审批程序,做到科学设置、规范审批入河排污口;建立健全各项工作制度,逐步形成入河排污口监督管理长效机制;举办入河排污口监督管理培训班,对入河排污口普查登记、监督管理、审批程序等进行辅导培训,进一步提高排污口管理人员的业务水平和工作技能。

3)严格执行污染物排放总量控制制度

为改善颍河水质现状,有效控制颍河入河排污总量,应对规划区实施严格的污染物排放总量控制制度,满足颍河出境控制断面褚河桥断面水质目标的要求以及禹州市总量减排目标的要求。

4)加强水源地安全保障措施

目前,颍河干流市区段河道水质较好,其中后屯至北关橡胶坝为饮用水水源地,水质类别为Ⅲ类,为了保证饮用水水源的安全,对颍河白沙水库以下至第一橡胶坝开展了水源地保护规划,设立了一、二级水源地保护区,完成了设标立界,并对橡胶坝库区范围内的部分地段进行护砌和设置隔离网。同时,对市区内颍河各支流的入河口设置了截留设施,实现了对初期雨污水的控制,减少了颍河污染。基准年颍河禹州饮用水水源区水质能够达地表水饮用水Ⅲ类标准,但达不到水功能区水质目标,今后禹州市各级主管部门加大治污力度,应严格执行各项措施,改善颍河禹州饮用水水源区水质。

5)加强部门间沟通协调

水资源保护是一项涉及面多、难度大、持续时间较长的系统工程,需要多个部门相互配合,通力协作,成立相应机构,建立长效的管理和运行机制。

加强领导,建立水环境统一管理制度,在水资源保护中,必须实行统一领导、统一管理,推行主要管理功能部门化的体制,确立单一权利结构和单一行政领导系统,确保管理的效率。

建立和完善水资源保护运行机制。水资源保护重在落实,要有高效合理的运行机制,才能保障各项措施、制度的落实。逐步落实水资源保护目标责任制,建立水环境生态补偿与考核制度。对各乡镇政府、各部门的行政领导签订目标责任书,将本辖区水资源保护目标完成情况纳入其单位年终考核的重要依据。

6）开展宣传教育提高全社会的水资源保护意识

继续做好《中华人民共和国水法》《中华人民共和国水污染防治法》《取水许可水质管理规定》和禹州市管理方面的法规宣传,使全社会自觉执行法规,不断增强水资源保护的法律意识;建立水资源监测网,定期向社会公布水质状况,加强全社会的监督力度。

继续加大宣传教育工作力度,动员全社会参与保护环境。利用"世界水日""中国水周"等活动,大力宣传水资源保护方面的法律、法规和知识。同时,建立水质监测网及投诉热线,确保及时发现问题,及时查处,引导全民参与,共同建立滨水型生态宜居城市。

6.1.2　地下水资源保护对策

6.1.2.1　建立和完善地下水管理制度

建立和完善以总量控制为基础的最严格的地下水管理制度,加强对地下水开发利用与保护的监督管理和分类指导,重点提出实施最严格地下水资源管理制度建设。制订地下水年度用水计划,依法对本行政区域内的地下水年度用水实行总量控制。

6.1.2.2　加强地下水供水水源地保护

完善地下水通道系统,注意其封闭性、隔离污水运输线。若工业或生活污水采用无防渗处理的沟渠输送,或者直接向沟渠排放,将会影响地下水水质,导致饮用功能的降低,其影响是难逆转的,为此应加强对城镇地下水水源地保护的监管力度,搞好水源地安全防护、水土保持和水源涵养。坚决取缔地下水水源保护区内的直接排污口和其他破坏地下水的污染源。

6.1.2.3　经济调节机制

充分发挥税收杠杆调节用水需求,完善资源有偿使用制度和生态补偿机制,增强企业等社会主体节水意识,加快技术创新、提高用水效率、优化用水结构、减少不合理的用水需求。

为减轻地下水的压力,实行超计划取用水、高耗水行业用水、超采地下水等的税收调节,抑制不合理的用水行为。通过实施水资源税,进一步增强企业的节水意识。

6.1.3　重点城镇饮用水水源地保护对策

根据禹州市的实际情况,对颍河饮用水水源地,采取以下工程措施和非工程措施。

为保障城镇饮用水水源地安全的总体目标,消除水源地面临的污染威胁,提高饮用水安全的保障能力,获得优质、安全的饮用水,需要对饮用水水源地河流的支流污染河水进行有效治理,以截留由支流进入干流河道的污染物质。最有效的治理方式是在支流汇入主河道处建设人工湿地污水生态处理系统,计划在磨河、潘家河、涌泉河、下宋河等 4 条支流的入颍河口处建设表面流人工湿地,减少入颍河污染,保护下游颍河饮用水水源地安全。

按照《饮用水水源保护区污染防治管理规定》,规定在集中式饮用水水源地保护区内,严禁存在可能影响水质的污染源。为保证禹州市饮用水水源安全,对颍河白沙水库以下至第一橡胶坝开展水源地保护规划,设立一、二级水源地保护区,对橡胶坝库区范围内的部分地段进行护砌和设置隔离网,避免垃圾、农药、化肥、畜禽养殖等污染。

6.2　水资源管理对策

6.2.1　深入实施河长制

6.2.1.1　健全工作机制

建立河长会议制度、信息共享制度、工作督察制度、验收制度等,协调解决河湖管理保护的重点难点问题,定期通报河湖管理保护情况,对河长制实施情况和河长履职情况进行督察。各级河长制办公室要加强组织协调,督促相关部门单位按照职责分工,落实责任,密切配合,协调联动,共同推进河湖管理保护工作。

6.2.1.2　强化考核问责

根据主要河湖存在的主要问题,实行差异化绩效评价考核,将领导干部自然资源资产离任审计结果及整改情况作为考核的重要参考。上级河长负责组织对相应河湖下一级河长进行考核,考核结果作为地方党政领导干部综合考核评价的重要依据。实行生态环境损害责任终身追究制,对造成生态环境损害的,严格按照有关规定追究责任。

6.2.1.3　加强社会监督

建立主要河湖管理保护信息发布平台,通过主要媒体向社会公告各级河长名单,在主要河湖岸边显著位置竖立河长公示牌,标明河长职责、河湖概况、管护目标、监督电话等内容,接受社会监督。聘请社会监督员对河湖管理保护效果进行监督和评价。进一步做好宣传舆论引导,提高全社会对河湖保护工作的责任意识和参与意识。

6.2.1.4　落实专项经费

应根据实际,积极筹措建立河长制、河湖管理保护相关资金。积极引导社会资本参与,建立长效、稳定的河湖管理保护投入机制。切实加强资金的使用管理和监督检查。

6.2.1.5　加强宣传引导

做好全面推行河长制工作的宣传教育和舆论引导。根据工作节点要求,精心策划组织,充分利用报刊、广播、电视、网络、微信、微博、客户端等各种媒体和传播手段,深入释疑解惑,广泛宣传引导,特别要加强对中小学生河湖管理的保护教育,不断增强公众河湖保护责任意识、水忧患意识、水节约意识,营造全社会共同关心、支持、参与河湖管理保护的良好氛围。

6.2.2　严格贯彻最严格水资源管理制度

根据河南省下达的水资源管理"三条红线"的管理要求,实施最严格的水资源管理制度,以水资源配置方案为基本依据,以总量控制为核心,建立严格的取水管理制度体系。

(1)严格落实总量控制,实施取水许可管理。

到 2025 年,用水总量控制在 1.734 8 亿 m³ 以内;到 2030 年,用水总量控制在 1.826 1 亿 m³ 以内,并将其作为编制国民经济和社会发展规划、城市总体规划、行业发展规划以及调整优化产业结构和布局的重要依据。

全面落实水资源论证、取水许可和水资源有偿使用等管理制度,切实做到以水定需、量水而行、因水制宜。严格取水许可审批,控制不合理取水,严格取水许可总量管理,取用水单位和个人要依法申领取水许可证,对未经取水许可审批的,发改部门不予以项目立项,非法取水行为应依法取缔;严格实施取水许可制度,建立全市取水许可管理信息登记台账;建立取用水总量与年度用水控制管理相结合制度,禁止新批准高耗水、高污染建设项目;需进行水资源论证的规划和建设项目实际论证率要达到100%,纳入取水许可管理的用水量占总用水量的比例要达到80%以上。

加大地下水管理和保护力度,开展禹州市地下水超采区复核工作,划定地下水禁采和限采范围,并报省政府批准公布实施。加强地下水动态监测基础设施建设,建立健全监测网络。在限采区严格控制新凿井和地下水开采量;在禁采和限采范围禁止新凿井,并组织实施综合治理,逐步恢复地下水位。编制并实施禹州市地下水利用与保护规划,以及南水北调中线工程受水区、地面沉降区地下水压采方案,逐步削减开采量。随着南水北调中线工程的建成通水,受水区供水应优先取用南水北调水,供水管网覆盖范围内的自备井应全部关闭,根据地下水源状况封停地下集中取水水源,将其作为备用水源。

(2)加强定额管理,实施用水效率控制制度。

建立用水效率控制红线。到2030年,万元工业增加值用水量降低到10 m^3,农业灌溉水有效利用系数提高到0.60左右。

为实现用水效率控制指标,要加强取用水户的监督管理,对公共供水企业、自备取水大户和限额以上使用公共供水的非居民用水户实行强制性取用水实时在线监控。2025年前,对年取用地表水20万 m^3 以上、地下水5万 m^3 以上及限额以下的重点取用水户,全面安装取水远程监控系统。新建、改建、扩建项目必须按照国家规范安装在线计量设施,接入禹州市水资源管理信息系统,否则不予批准取水许可。

要加强用水定额和计划用水管理。定期开展用水水平分析和重点行业水平衡测试,根据用水情况及用水效率控制红线确定的目标,对纳入取水许可管理范围的单位和用水大户,严格实行计划用水管理,确保计划用水管理率达到100%。对超过用水计划和用水定额标准的取用水单位,实行累进加价制度。新建、改建、扩建项目使用公共自来水的,办理用水计划指标时要提交建设项目用水节水评估报告。对未取得用水计划指标的非居民生活用水户,供水企业不得供水。公共供水企业应向禹州市水行政主管部门提供用水单位用水情况,依法配合禹州市水行政主管部门做好计划用水管理,严格监督用水计划执行情况。

要严格落实节水设施"三同时"制度,新建、改建、扩建项目要制定节水措施方案,保证节水设施与主体工程同时设计、同时施工、同时投入。项目设计未包括节水设施的内容、节水设施未建设或没有达到相关节水技术标准要求的,不得擅自投入使用。对违反"三同时"制度的,由有关部门责令停止取用水并限期整改。

(3)严格实施水功能区限制纳污制度。

明确各水功能区限制纳污红线,合理确定各水功能区的纳污能力和纳污总量控制指标,建立污染物入河总量控制制度。基准年禹州市水功能区达标率为67%,城市集中饮用水水源地取水水质达标率为100%。依据《河南省实行最严格水资源管理制度考核办法》,河南省重要河流湖泊水功能区达标控制目标,2025年与2030年禹州市纳入考核的3

个水功能区(除去排污控制区)达标目标均要求为100%。

切实加强水功能区监督管理,建立水功能区水质达标评价体系,加强水功能区动态监测和科学管理。划定跨区域水功能区控制边界,加强边界及水功能区水质水量监测。从严核定水域纳污容量,提出禹州市水功能区限制纳污总量意见。将禹州市水域限制排污总量作为水污染防治和污染物减排工作的重要依据,并采取有效措施,切实加强水污染防控。加强工业污染源控制,工业废污水排放达标率达到100%。加快城镇污水处理厂建设和提标改造工程建设,推进农业面源和禽畜养殖污染治理,加大主要污染物减排力度,提高城市污水收集、处理率。

加强对入河排污口的监督管理,及时掌握区域入河排污口的布设情况及重点排污口的排污状况,组织制定入河排污口和入河排污量监测方案,加强入河排污口监测能力建设,建立健全入河排污量统计和通报制度,对入河排污量超标地区和取水户,禁止新增入河排污口。完成全部入河排污口登记,扩建、新建入河排污口审查率达100%。

6.2.3　完善水资源管理的市场机制

水资源是一种自然资源,是经济发展不可或缺的基本要素之一,也是一种特殊的商品。要根据水资源的属性建立水市场,充分发挥市场机制在水资源配置中的调节性作用,促进水的利用从低效益向高效益的经济利益转化,提高水的利用效益和效率,用经济杠杆推动和促进水资源优化配置。要在实现水资源统一管理的基础上,建立合理的水价形成机制,建立和完善水权转换和水市场,加强管理,逐步理顺水价,形成有序、良性循环的水资源市场机制。

6.2.3.1　培育水资源全市合理流动的成熟、有序市场

培育水市场需要先明晰水权。逐步建立禹州市总量控制、统一调度、水权明晰、可持续利用、政府监管和市场调节相结合的水权制度,明晰初始用水权、培育水权转让市场、规范水权转让活动,充分运用市场机制优化配置水资源。

6.2.3.2　理顺水价的形成机制

理顺水价的形成机制,有利于推进节水型社会建设。建立价格调节和激励机制。改革水价,体现不同水源的价值,提高地下水的价格,理顺当地水资源与非常规水资源的价格关系、地表水和地下水、自备水源和集中供水水源之间的价格关系,确保实现"同区同价""同质同价""优质优价"。

为了鼓励再生水利用,应对再生水的利用实行鼓励和优惠政策,促进再生水的利用。只有再生水价格高于处理成本,并低于地表水、地下水的价格或较大幅度低于自来水价格时,社会公众和用水企业使用再生水才获得一定收益,再生水的价格杠杆作用才会得以发挥。

6.2.3.3　加强管理、合理引导

政府健全以间接为主的宏观管理体系,合理引导市场的良性运行。一是引入竞争机制。供水、污水处理通过招标选择经营企业,政府制定相应的监管规则和服务质量标准体系,选择符合要求的企业经营供水和污水处理。经营供水和污水处理的企业的投资回报率,采取按高于社会资金平均投资回报率2%～3%核定,水价不足以弥补投资约定的,由

政府退税或财政给予补贴。二是将水价形成机制改革和企业经营管理体制改革结合起来,坚持两项改革相互促进的方针,实行政企分开,努力发挥市场机制对水资源配置的基础作用。

加强水市场的制度建设。政府通过颁布一系列水市场运行管理办法,规范市场行为,并通过强化法律监督、实行依法行政,全面推进依法治水,引导市场按照法制化的轨道运行。

6.2.4　健全水功能区管理制度

切实加强水资源保护,制定水功能区管理制度,核定水功能区纳污能力和总量,依法向有关地区主管部门提出限制排污的意见。

结合禹州市实际,对已划定水功能区进行复核、调整,核定水域纳污总量,制定禹州市水功能区管理办法,制定分阶段控制方案,依法提出限排意见;要科学划定和调整饮用水水源保护区,切实加强饮用水水源保护。

完善入河排污口的监督管理。将水功能区污染物控制总量分解到排污口,加强排污口的监督管理;新建、改建、扩建入河排污口要进行严格论证、审查和审批,强化对主要河段的监控,坚决取缔饮用水水源保护区内的直接排污口。

完善取用水户退排水监督管理。依据国家排污标准和入河排污口的排污控制要求,合理制定取用水户退排水的监督管理控制标准。对取用水户退排水加强监督管理,严禁直接向河流排放超标工业污水,严禁利用渗坑向地下退排污水。

6.2.5　搭建区域水资源应急管理制度

禹州市境内径流存在年内分配不均、年际变化大的特点,特枯水年和连续枯水段时有发生。应从区域水资源安全战略高度出发,建立与区域特大干旱、连续干旱以及紧急状态相适应的水资源调配和应急预案。建立旱情和紧急情况下的水资源管理制度,建立健全应急管理体系,加强指挥信息系统,做好生态补水、调水工作,保证重点缺水地区、生态脆弱地区用水需求。推进城镇水源调度工作,开展水资源监控体系建设,完善禹州市水资源管理系统建设,加强区域水资源监控,提高水资源管理的科学化和定量化水平。

进一步健全抗旱工作体系,加强抗旱基础工作,组织研究和开展抗旱规划,建立抗旱预案审批制度。继续推进抗旱系统建设,提高旱情监测、预报、预警和指挥决策能力,备足应急物资、专业救灾队伍,以应急需。

完善重大水污染事件快速反应机制,进一步加强饮用水水源地保护与管理,强化对主要河段排污的监管,提高处理突发事件的能力。

6.2.6　加强区域水资源监测能力

禹州市水资源监测技术力量薄弱、监测站点少。今后,应重点加强水资源的监测工作,为加强水资源管理,深入研究水资源的演化规律,提高水资源的定量预测预报能力,防范水安全风险提供基础数据。

加强水资源监测系统建设。制定实行水资源数量与质量、供水与用水、排污与环境相结合的统一监测网络体系；建立和完善供、用、排水计量设施，建立现代化水资源监测系统。

　　加强区域地下水的动态监测。加快建立禹州市平原区地下水监测系统，建设现代化信息传输和处理分析系统，形成区域一体的地下水信息采集、传输、处理、分析、发布等的现代化系统，满足地下水监控和管理的需要。

6.2.7　推进区域水资源管理信息化建设

　　建成覆盖全市的水情报汛通信网络，形成多种信道互为备份的通信体系。利用通信卫星，全面实现雨量站和水位站自动报汛。加强应急报汛能力建设，重点部位实现移动报汛。建设覆盖流域的水文计算机广域网络系统，建立水文计算机网络安全平台，全面实现流域水情报汛自动化。

　　建设和完善不同河段暴雨洪水和局地突发性暴雨洪水预警预报系统。建设基于卫星的流域旱情监测系统，研发径流预报模型和干旱预测模型。加强气象灾害监测预警服务系统建设。

　　建设完善防汛减灾、水资源管理与调度、水土保持生态环境监测、水资源保护、水生态保护、水利工程建设与管理、电子政务等应用系统。

第 7 章　结论与展望

7.1　主要结论与创新点

(1)基于广义水平衡的区域水资源质与量的评价体系。

通过禹州市水循环、多类型水源统一、水量水质统一分析的全过程综合研究,实现了禹州市水资源数量、质量与可利用量的一体化评价。研究结果显示,禹州市多年平均天然入境水资源量为 11 194 万 m³,自产水资源量为 12 057 万 m³,地下水资源量为 14 265 万 m³。进一步分析可知,包含颍河、北汝河、清潩河等多条河流在内的禹州市水资源可利用总量多年平均为 11 891 万 m³。

同时,根据《地表水环境质量标准》(GB 3838—2002),对禹州市的 8 条主要河流228.2 km 水资源质量进行评价。全年期评价结果显示:水质达到或优于Ⅲ类标准的河长165.9 km,占总评价河长的 72.7%;水质达到Ⅳ类标准的河长为 62.3 km,占总评价河长的27.3%;Ⅴ类水及以下河长 0 km。汛期综合评价:全市水质达到或优于Ⅲ类标准的河长156.8 km,占总评价河长的 68.7%;Ⅳ类水河长 71.4 km,占总评价河长的 31.3%;Ⅴ类水及以下河长 0 km。非汛期综合评价:非汛期,除颍河外,其他河流断流,仅以各河流上的中小型水库为代表参与评价。水库水质为Ⅱ类水的河长 3.8 km,占总评价河长的 4.43%;水质为Ⅲ类水的河长 79.3 km,占总评价河长的 92.5%;Ⅳ类水河长 2.6 km,占总评价河长的3.0%;Ⅴ类水及劣于Ⅴ类水河长 0 km。

浅层地下水(矿化度≤2 g/L)水质评价结果显示:禹州市全市共调查 23 处地下水监测井,有 14 眼井水质达到Ⅲ类水以上,7 眼井为Ⅳ类水质,2 眼井为Ⅴ类水质。地下水水质超标的项目主要为氨氮、总硬度、硫酸盐。其中,氨氮超标大多是由人类活动的影响所造成的,总硬度、硫酸盐等天然化学成分含量超标主要是受地质环境的影响。

(2)基于"分解-耦合"模式的禹州市可供水量分析。分解式识别区域地表水源、地下水源、非常规水源,特别针对禹州市矿井水利用情况,剖析了区域矿井水可利用量,并通过多水源耦合,科学评估了禹州市基准年、2025 年和 2030 年的可供水量。

本次研究除了研究地表水、地下水可供水量,特别针对禹州市利用矿井水的特征,对包含再生水、矿井水、雨水在内的区域非常规水源可供水量进行了分析。结果显示,基准年,禹州市非常规水源可供水量 2 653 万 m³,其中颍河下游分区为 1 456 万 m³;2025 年水平禹州市非常规水源可供水量 3 339 万 m³,其中颍河下游分区 1 489 万 m³;2030 年水平禹州市非常规水源可供水量 4 204 万 m³,其中颍河下游分区 2 271 万 m³。特别是,禹州市基准年、2025 年及 2030 年矿井水可供水量均为 1 318 万 m³。由此,禹州市基准年、2025年和 2030 年可供水总量分别为 18 700 万 m³、21 319 万 m³ 和 22 466 万 m³。

(3)基于多水源多尺度联调联供的禹州市水资源协调配置。通过生态保护、节水优先、调整社会经济布局与降低脆弱性、优化供水工程布局与调度管理、应急抗旱等五个层面,梯次明晰区域水资源配置重点及途径,提出了禹州市水资源协调配置方案。

研究结果显示:2025 年水平,配置河道外水量 21 319 万 m^3,其中地表水 7 755 万 m^3,占河道外水量的 36.4%;地下水 6 945 万 m^3,占河道外水量的 32.6%;南水北调中线水量 3 280 万 m^3,占河道外水量的 15.4%;非常规水 3 339 万 m^3,占河道外水量的 15.7%。2030 年水平,配置河道外水量 22 466 万 m^3,其中地表水 7 532 万 m^3,占 33.5%;地下水 6 950 万 m^3,占 30.9%;南水北调中线水量 3 780 万 m^3,占 16.8%;非常规水源 4 204 万 m^3,占 18.7%。

2025 年水平,配置生活用水量 4 578 万 m^3,占总用水量的 21.5%;配置第三产业用水量 1 054 万 m^3,占总用水量的 4.9%;配置工业用水量 6 719 万 m^3,占 31.5%;配置农业灌溉用水量 7 458 万 m^3,占 35.0%;配置生态环境用水量 1 509 万 m^3,占 7.1%。2030 年水平,配置生活用水量 5 590 万 m^3,占总用水量的 24.9%;配置第三产业用水量 1 100 万 m^3,占 4.9%;配置工业用水量 6 718 万 m^3,占 29.9%;配置农业灌溉用水量 7 370 万 m^3,占 32.8%;配置生态环境用水量 1 688 万 m^3,占 7.5%。

其中,颍河下游区 2025 水平年和 2030 水平年配置水量分别为 11 353 万 m^3 和 12 202 万 m^3,缺水量分别为 188 万 m^3 和 56 万 m^3,均缺在农业灌溉,城区生活、工业、建筑及第三产业、生态等用水均能满足。

7.2　展　望

我国进入了全面建设社会主义现代化国家的新阶段,新发展格局正在加快构建,推动高质量发展是适应我国社会主要矛盾变化和全面建成小康社会、全面建设社会主义现代化国家的必然要求。这就要求我们把发展质量问题摆在更为突出的位置,全面提高水资源调配能力,更好地支撑我国社会主义现代化建设,更好地满足人民日益增长的美好生活需要。我国的自然地理和气候特征决定了水资源空间分配不均匀,同时,水资源分布和经济社会以及未来经济社会的发展格局不匹配。破解水资源配置与经济社会发展需求不相适应的矛盾,是新阶段流域发展面临的重大战略问题。

水资源有着其自身的阈值,并非是取之不尽用之不竭的,尤其是泛流域尺寸下存在多工程、多水源、多用户等情况,如何通过"空间均衡"的水资源调配在水资源开发利用过程中既满足生态环境需水要求,又兼顾社会经济发展需要,这不仅符合生态优先的战略方针,更是社会-经济-生态-环境-水资源多维协调可持续发展的重要基础。当前国内外研究多局限于流域和区域水资源配置层面,对于更大范围和更广泛视域的研究尚处于探索阶段,泛流域水资源均衡配置技术体系不完善。因此,开展基于重大调水工程刚性约束的泛流域水资源空间均衡配置是未来重要的研究方向。

参 考 文 献

［1］刘昌明，刘小莽，田巍，等. 黄河流域生态保护和高质量发展亟待解决缺水问题［J］. 人民黄河，2020，42（9）：6-9.

［2］夏帆，陈莹，窦明，等. 水资源空间均衡系数计算方法及其应用［J］. 水资源保护，2020，36（1）：52-57.

［3］王浩，李海红，赵勇，等. 落实新发展理念 推进水资源高效利用［J］. 中国水利，2021，4（6）：49-51.

［4］王浩，张建云，王亦楠，等. 水，如何平衡发展之重［J］. 中国水利，2020，4（21）：11-19.

［5］Li L, Ni J, Chang F, et al. Global Trends in Water and Sediment Fluxes of the World's Large Rivers［J］. Science Bulletin, 2020, 65(1): 62-69.

［6］王浩，钮新强，杨志峰，等. 黄河流域水系统治理战略研究［J］. 中国水利，2021，4（5）：1-4.

［7］夏军，石卫. 变化环境下中国水安全问题研究与展望［J］. 水利学报，2016，47（3）：292-301.

［8］刘玎玎，李伟红，赵雪. 西安市引汉济渭与黑河引水工程多水源联合调配模拟［J］. 水土保持通报，2020，40（1）：136-141.

［9］陆咏晴，严岩，丁丁，等. 我国极端干旱天气变化趋势及其对城市水资源压力的影响［J］. 生态学报，2018，38（4）：1470-1477.

［10］郑志磊，郑航，刘悦忆，等. 基于优化模型的城市供水多水源配置研究［J］. 水利水电技术，2020，51（9）：58-64.

［11］习近平主持召开推进南水北调后续工程高质量发展座谈会并发表重要讲话［J］. 水资源开发与管理，2021（6）：1-3.

［12］Zheng X, Chen D, Wang Q, et al. Seawater desalination in China: Retrospect and prospect［J］. Chemical Engineering Journal, 2014, 242:404-413.

［13］刘玎玎，尚宇梅，张宇，等. 引汉济渭来水条件下西安市多水源联合调度［J］. 武汉大学学报（工学版），2017，50（1）：25-30.

［14］杨芬，王萍，王俊文，等. 缺水型大城市多水源调配管理技术体系与方法研究［J］. 水利水电技术，2019，50（10）：53-59.

［15］Z F Yang, T Sun, B S Cui, et al. Environmental flow requirements for integrated water resources allocation in the Yellow River Basin, China［J］. Communications in Nonlinear Science & Numerical Simulation, 14(5): 2469-2481.

［16］W Delleur. Optimal allocation of water resources［J］. International Association of Scientific Hydrology Bulletin, 1982, 27(2): 193-215.

［17］P W Herbertson, W J Dovey. The allocation of fresh water resources of a tidal estuary［J］. Proceedings of the Enter Symposium, 1982: 135.

［18］Yeh, W-G W. Reservoir Management and Operations Models: A State-of-the-Art Review［J］. Water Resources Research, 1985, 21(12): 1797-1818.

［19］Ray Jay Davis, George William Sherk, Donald Phelps. Influencing water legislatwe development what to do and what to avoid1［J］. Jawra Journal of the American Water Resources Association, 2007, 31(4): 583-588.

[20] William W-G Yeh. Optimal Management of Flow in Groundwater Systems[J]. Eos Transactions American Geophysical Union, 2000, 81(28): 315.

[21] Divakar L, Babel M S, Perret S R, et al. Optimal allocation of bulk water supplies to competing use sectors based on economic criterion-An application to the Chao Phraya River Basin, Thailand[J]. Journal of Hydrology (Amsterdam), 2011, 401(1-2): 22-35.

[22] Abolpour B, Javan M, Karamouz M. Water allocation improvement in river basin using adaptive neural fuzzy reinforcement learning approach[J]. Applied Soft Computing, 2007, 7(1): 265-285.

[23] Read L, Madani K, Inanloo B. Optimality versus stability in water resource allocation[J]. Journal of Environmental Management, 2014, 133: 343-354.

[24] Roozbahani R, Schreider S, Abbasi B. Optimal water allocation through a multi-objective compromise between environmental, social, and economic preferences[J]. Environmental Modelling & Software, 2015, 64: 18-30.

[25] 李雪萍. 国内外水资源配置研究概述[J]. 海河水利, 2002(5): 13-15.

[26] 付强. 投影寻踪模型及其在水文水资源系统分析中的应用[J]. 黑龙江大学工程学报, 2008, 35(4): 80-85.

[27] 贺北方. 区域水资源优化分配的大系统优化模型[J]. 武汉水利电力学院学报, 1988(5): 111-120.

[28] 杜长胜, 徐建新, 杜芙蓉. 大系统多目标理论在引黄灌区水资源配置中的应用[J]. 灌溉排水学报, 2007(s1): 89-90.

[29] 沈佩君, 王博, 王有贞, 等. 多种水资源的联合优化调度[J]. 水利学报, 1994(5): 1-8.

[30] 王浩. 我国水资源合理配置的现状和未来[J]. 水利水电技术, 2006(2): 7-14.

[31] 王浩, 游进军. 水资源合理配置研究历程与进展[J]. 水利学报, 2008(10): 1168-1175.

[32] 邵东国, 贺新春, 黄显峰, 等. 基于净效益最大的水资源优化配置模型与方法[J]. 水利学报, 2005(9): 36-42.

[33] 赵斌, 董增川, 徐德龙. 区域水资源合理配置分质供水及模型[J]. 人民长江, 2004, 2(35): 21-31.

[34] 李彦刚, 刘小学, 魏晓妹, 等. 宝鸡峡灌区地表水与地下水联合调度研究[J]. 人民黄河, 2009(3): 67-69, 71.

[35] 刘年磊, 赵林, 毛国柱. 基于可信性理论的水资源优化配置模型[J]. 环境科学研究, 2012, 25(4): 377-384.

[36] 梁士奎, 左其亭. 基于人水和谐和"三条红线"的水资源配置研究[J]. 水利水电技术, 2013, 44(7): 1-4.

[37] 张守平, 魏传江, 王浩, 等. 流域/区域水量水质联合配置研究 I: 理论方法[J]. 水利学报, 2014, 45(7): 757-766.

[38] 曾思栋, 夏军, 黄会勇, 等. 分布式水资源配置模型 DTVGM-WEAR 的开发及应用[J]. 南水北调与水利科技, 2016, 14(3): 1-6.

[39] 朱彩琳, 董增川, 李冰. 面向空间均衡的水资源优化配置研究[J]. 中国农村水利水电, 2018(10): 64-68.

[40] 左其亭, 韩淑颖, 韩春辉, 等. 基于遥感的新疆水资源适应性利用配置-调控模型研究框架[J]. 水利水电技术, 2019, 50(8): 52-57.

[41] 李佳伟, 左其亭, 马军霞, 等. 面向现代治水新思想的水资源优化配置模型及应用[J]. 水电能源科学, 2019, 37(11): 33-36.

[42] 高黎明, 陈华伟, 李福林. 基于水量水质双控的缺水地区水资源优化配置[J]. 南水北调与水利科

技(中英文), 2020, 18(2): 70-78.

[43] 高伟, 李金城, 严长安. 多水源河流生态补水优化配置模型与应用[J]. 人民长江, 2020, 51(7): 75-81.

[44] Joeres E F, Liebman J C, Revelle C S. Operating Rules for Joint Operation of Raw Water Sources[J]. Water Resources Research, 1971, 7(2): 225-235.

[45] Mulvihill M E, Dracup J A. Optimal timing and sizing of a conjunctive urban water supply and waste water system with nonlinear programing[J]. Water Resources Research, 1974, 10(2): 170-175.

[46] Kumar, Arun. Monicha, Vijay K. Fuzzy optimization model for water quality management of a river system[J]. Journal of Water Resources Planning and Management, 1999, 125(3): 179-180.

[47] Ryan S J, Getz W M. A spatial location-allocation GIS framework for managing water sources in a savanna nature reserve[J]. South African Journal of Wildlife Research, 2005, 35(2): 153-178.

[48] 裴源生, 赵勇, 张金萍. 广义水资源合理配置研究(Ⅰ)——理论[J]. 水利学报, 2007, 38(1): 1-7.

[49] 赵勇, 陆垂裕, 肖伟华. 广义水资源合理配置研究(Ⅱ)——模型[J]. 水利学报, 2007, 38(2): 163-170.

[50] 李令跃, 甘泓. 试论水资源合理配置和承载能力概念与可持续发展之间的关系[J]. 水科学进展, 2000, 11(3): 307-313.

[51] 王浩. 面向生态的西北地区水资源合理配置问题研究[J]. 水利水电技术, 2006, 37(1): 9-14.

[52] 王雁林, 王文科, 杨泽元, 等. 渭河流域面向生态的水资源合理配置与调控模式探讨[J]. 干旱区资源与环境, 2005, 19(1): 14-21.

[53] 刘丙军, 陈晓宏. 基于协同学原理的流域水资源合理配置模型和方法[J]. 水利学报, 2009, 40(1).

[54] 陈太政, 侯景伟, 陈准. 中国水资源优化配置定量研究进展[J]. 资源科学, 2013, 35(1): 132-139.

[55] 高亮, 张玲玲. 区域多水源多用户水资源优化配置研究[J]. 节水灌溉, 2015(3): 38-41.

[56] 潘俊, 董健, 解立强, 等. 基于区域协调发展的多水源复杂系统优化配置[J]. 沈阳建筑大学学报(自然科学版), 2015, 31(3): 562-568.

[57] 刘争胜, 彭少明, 崔长勇, 等. 西北典型缺水地区非常规水源综合利用与统一配置——以鄂尔多斯市为例[J]. 水利经济, 2015, 33(4): 57-61, 80.

[58] 付强, 刘银凤, 刘东, 等. 基于区间多阶段随机规划模型的灌区多水源优化配置[J]. 农业工程学报, 2016, 32(1): 132-139.

[59] 付强, 鲁雪萍, 李天霄. 基于NSGA-Ⅱ农业多水源复合系统多目标配置模型应用[J]. 东北农业大学学报, 2017, 48(3): 63-71.

[60] 杨芬, 王萍, 黄大英, 等. 基于调配管理的北京市多水源水量联合调度研究[J]. 水利水电技术, 2020, 51(1): 70-76.

[61] 曹明霖, 徐斌, 王腊春, 等. 跨区域调水多水源水库群系统供水联合优化调度多情景优化模型研究与应用[J]. 南水北调与水利科技, 2019, 17(6): 54-61, 112.

[62] 金菊良, 郦建强, 吴成国, 等. 水资源空间均衡研究进展[J]. 华北水利水电大学学报(自然科学版), 2019, 40(6): 47-60.

[63] 贾善铭. 区域经济增长空间均衡研究述评[J]. 区域经济评论, 2014(1): 124-129.

[64] 汤怀志, 梁梦茵, 张清春. 德国空间均衡发展的特点、做法及借鉴[J]. 中国土地, 2019(3): 48-50.

[65] Daily G C, Ehrlich P R. Socioeconomic Equity, Sustainability, and Earth's Carrying Capacity[J]. Ecological Applications, 1996, 6(4): 991-1001.

[66] 李国英. 深入贯彻新发展理念 推进水资源集约安全利用——写在2021年世界水日和中国水周到

来之际[J].中国水利,2021(6):2,1.

[67] 吴强,高龙,李淼.空间均衡——必须树立人口经济与资源环境相均衡的原则[J].水利发展研究,2018,18(9):17-24.

[68] 王浩,刘家宏.国家水资源与经济社会系统协同配置探讨[J].中国水利,2016(17):7-9.

[69] 范波芹,陈筱飞,刘志伟.浙江水资源规划引导空间均衡发展的实践思考[J].水利发展研究,2014,14(9):33-38.

[70] 方子杰,柯胜绍.对坚持"空间均衡"破解水资源短缺问题的思考[J].中国水利,2015(12):21-24.

[71] 左其亭,纪璎芯,韩春辉,等.基于GIS分析的水资源分布空间均衡计算方法及应用[J].水电能源科学,2018,36(6):33-36.

[72] 郦建强,王平,郭旭宁,等.水资源空间均衡要义及基本特征研究[J].水利规划与设计,2019(10):1-5,23.

[73] 左其亭,韩春辉,马军霞.水资源空间均衡理论应用规则和量化方法[J].水利水运工程学报,2019(6):50-58.

[74] 杨亚锋,巩书鑫,王红瑞,等.水资源空间均衡评估模型构建及应用[J].水科学进展,2021,32(1):33-44.

[75] 金菊良,徐新光,周戎星,等.基于联系数和耦合协调度的水资源空间均衡评价方法[J].水资源保护,2021,37(1):1-6.

[76] 缪昭旺,吴成国,崔毅,等.水资源空间均衡评价的联系数–耦合协调度模型及应用[J].华北水利水电大学学报(自然科学版),2021,42(3):86-95.